2022

Zentrale Prüfung

Original-Prüfungsaufgaben
mit Lösungen

Gymnasium Brandenburg

Mathematik 10. Klasse

STARK

18. ergänzte Auflage
www.stark-verlag.de

Inhalt

Hinweise zur Zentralen Prüfung

Zentrale Prüfungen

Das Corona-Virus hat auch im vergangenen Schuljahr auch die Prüfungsabläufe durcheinandergebracht und manches verzögert. Daher ist die Zentrale Prüfung 2021 in diesem Jahr nicht im Buch abgedruckt, sondern erscheint in digitaler Form. Sobald die Original-Aufgaben 2021 zur Veröffentlichung freigegeben sind, können sie als PDF auf der Plattform MyStark heruntergeladen werden (Zugangscode vgl. Umschlaginnenseite).

Jeweils im Herbst erscheinen die neuen Ausgaben der Zentralen Prüfung mit Lösungen.

Autoren der Lösungen:

Jürgen Gurok: Lösungen zu den Prüfungsaufgaben 2015, 2016, 2018, 2020
Dr. Detlef Launert: Lösungen zu den Prüfungsaufgaben 2014, 2017, 2019, 2021

Vorwort

Liebe Schülerinnen und Schüler,

zum Abschluss der 10. Klasse sind Sie verpflichtet, an den **Zentralen Prüfungen am Ende der Jahrgangsstufe 10** teilzunehmen. Das vorliegende Übungsbuch bereitet Sie **optimal auf die Prüfung im Fach Mathematik** vor. Alle für die Prüfung relevanten mathematischen Inhalte können mit den in diesem Buch enthaltenen originalen Prüfungsaufgaben eingeübt und gefestigt werden. Zu diesem Zweck hält das Buch für Sie bereit:

- Zu allen Aufgaben **vollständige, ausführlich kommentierte Lösungen**
- Hilfreiche **Hinweise und Tipps**
- Ausführliches **Stichwortverzeichnis** zum schnellen Auffinden aller wichtigen Fachbegriffe und zur Unterstützung bei der gezielten thematischen Erarbeitung des Prüfungsstoffs

Die Hinweise und Tipps direkt vor den Lösungen einer Aufgabe sollen Ihnen „auf den richtigen Weg" verhelfen, wenn Sie einmal Probleme mit dem Lösen einer Aufgabe haben. Sie sind ebenso wie zusätzliche Hinweise und Erklärungen in den Lösungen durch **graue Symbole** am Seitenrand gekennzeichnet. Sie sollten aber nur dann auf diese Hinweise zurückgreifen, wenn Ihnen das selbstständige Lösen der Aufgaben nicht gelingen sollte.

Den genauen Aufbau der Prüfung 2022 können Sie den Hinweisen zur Zentralen Prüfung auf den Seiten I bis VII entnehmen.

Sollten nach Erscheinen dieses Bandes wichtige Änderungen in der Zentralen Prüfung 2022 vom Landesinstitut für Schule und Medien Berlin-Brandenburg bekannt gegeben werden, finden Sie aktuelle Informationen dazu unter www.stark-verlag.de/mystark (Zugangscode vgl. Umschlaginnenseite).

Die Autoren dieses Buches wünschen Ihnen sowohl für die Vorbereitung als auch für die Prüfung viel Erfolg!

Stichwortverzeichnis 2014 – 2020

Das Stichwortverzeichnis ist gegliedert in die drei Lernbereiche

I. Algebra/Funktionen
II. Geometrie
III. Daten und Zufall

und beinhaltet für jeden dieser Bereiche jeweils Stichworte mit Bezug auf Aufgabenstellung oder Lösung einer Aufgabe.

Die Stichworte zu den Prüfungsaufgaben sind in der folgenden Weise gekennzeichnet:

15|1 Prüfungsaufgabe 2015, Aufgabe 1

I. Algebra/Funktionen

II. Geometrie

III. Daten und Zufall

Hinweise zur Zentralen Prüfung

Aufbau der Prüfung und zugelassene Hilfsmittel

In der Prüfung müssen Sie innerhalb von **135 Minuten 5 bis 7 Aufgaben** lösen, die jeweils aus mehreren Teilaufgaben bestehen können. Bei allen Aufgaben handelt es sich ausnahmslos um **Pflichtaufgaben**.
Im Aufgabentext ist für jede Teilaufgabe die zu erreichende Punktzahl vermerkt. So erkennen Sie sofort, wie bedeutsam diese Problematik für die Gesamtbewertung ist, und natürlich auch, welche Komplexität dieser Aufgabenteil hat. Diese Hilfestellung werden Sie auch in Ihrer Prüfung vorfinden.

Die **erste Aufgabe** bestand bis 2020 aus lauter kleinen Einzelaufgaben, die lediglich Grundfertigkeiten abfragten. Seit 2020 besteht sie aus zwei Aufgaben, die sich aus mehreren Teilaufgaben zusammensetzen. Diese können den Anforderungsbereichen I, II oder III zugeordnet werden und nicht ausschließlich dem Anforderungsbereich I wie in den vorigen Jahren. Je Aufgabe werden 5 Bewertungseinheiten vergeben.
Zudem ist die erste Aufgabe seit 2019 **hilfsmittelfrei** zu bearbeiten.

Eine der restlichen Aufgaben ist eine **innermathematische Aufgabe** mit Schwerpunkt in den Bereichen **Algebra / Funktionen** oder **Trigonometrie**.

Alle weiteren Aufgaben sind Aufgaben mit einem **außermathematischen Kontext**. Von diesen ist eine Aufgabe etwas umfangreicher (vgl. Aufgabe 5 der Prüfung 2014).

Seit der Prüfung im Jahr 2016 sollen Sie **alle Aufgaben direkt auf dem Aufgabenblatt bearbeiten**. Bis zur Prüfung im Jahr 2015 waren es hingegen nur einzelne mit dem Symbol 🗎 gekennzeichnete Aufgaben.

Für die Mathematikprüfung am Ende des 10. Schuljahres im Land Brandenburg sind folgende **Hilfsmittel** zugelassen:
- Taschenrechner ohne Einschränkung, auch CAS, sofern diese üblicherweise im Unterricht bereits verwendet werden
- die an der Schule zugelassene und von Ihnen benutzte persönliche Formelsammlung
- Kurvenschablonen und Zeichengeräte
- Duden

Das zu benutzende Papier wird für die Prüfung gestempelt und von der Schule gestellt. Eigenes, nicht gestempeltes Papier darf **nicht** benutzt werden, auch nicht als Schmierpapier. Wenn man gegen diese Bestimmungen verstößt, zählt dies als Betrugsversuch und wird entsprechend geahndet.

Fachliche Kompetenzen

Am Ende der 10. Klasse sind folgende Kompetenzen zu beherrschen:

- **Die Fähigkeit zum mathematischen Denken**
  Was ist in einer Aufgabe mathematisch enthalten? Welche mathematischen Konzepte müssen angewendet werden? Welche Grenzen dieser Konzepte sind zu berücksichtigen?

- **Die Fähigkeit zum mathematischen Argumentieren**
  Welche Argumente gibt es für den eingeschlagenen Lösungsweg? Was kann bei dieser Lösung alles passieren oder auch nicht passieren?

- **Die Fähigkeit zum mathematischen Modellieren**
  Das Aufstellen eines mathematischen Modells heißt, das gegebene (oft praktische) Problem in die Sprache der Mathematik zu übersetzen. Dabei entstehen mathematische Strukturen, die mithilfe mathematischer Kenntnisse und Fähigkeiten bearbeitet werden müssen. Die dabei erzielten Resultate sind dann wieder in die Realität des gestellten Problems „zurückzuübersetzen". Die Übereinstimmung des Modells mit der Realität der Aufgabe muss untersucht werden, eventuelle Grenzen des Modells sollten erkannt werden.

- **Die Fähigkeit, Probleme zu stellen und zu lösen**
  Das Aufstellen mathematischer Probleme stellt in der schriftlichen Prüfung keinen Schwerpunkt dar, dafür aber das Problemlösen. Jeder Schüler sollte in der Lage sein, mithilfe unterschiedlicher Wege eine Lösung zu finden. Bei der Lösungsdarstellung wählt man dann eine möglichst einfache und übersichtliche Variante.

- **Die Fähigkeit, mathematische Darstellungen zu nutzen**
  Jeder Schüler soll verschiedene Formen mathematischer Darstellungen, z. B. grafische Darstellungen, Tabellen, Zeichnungen und Skizzen, interpretieren und mit ihnen umgehen können.

- **Die Fähigkeit des Umganges mit mathematischen Symbolen und der Fachsprache**
  Man muss mit mathematischen Symbolen und Ausdrücken richtig umgehen können, Variablen sind richtig zu benutzen (evtl. selbst Variablen definieren), man besitzt die Fähigkeit zum Lösen von Gleichungen und kann nötige Berechnungen ausführen.

- **Die Fähigkeit zu kommunizieren**
  Jeder Schüler muss in der Lage sein, mündlich und (für die Prüfung bedeutsam) schriftlich in geeigneter Form mathematische Sachverhalte mitzuteilen. Dies hat so zu geschehen, dass auch andere Personen diese dargestellten Inhalte verstehen und nachvollziehen können.

- **Die Fähigkeit zum gezielten Einsatz geeigneter Hilfsmittel**
  Jeder Situation entsprechend müssen geeignete und zulässige Hilfsmittel zum Einsatz kommen. Dabei ist es äußerst wichtig, die Grenzen dieser Hilfsmittel zu kennen und zu beachten (z. B. Taschenrechner).

Leistungsanforderungen

Die bei der Bewertung zu verteilenden Punkte sind bei jeder Teilaufgabe in der Aufgabenstellung vermerkt. Für die Erteilung der Punkte bei der Korrektur spielt die Lösung und ihre Darstellung eine große Rolle. Der Lösungsweg muss klar erkennbar und nachvollziehbar sein.

Folgende Kriterien sind zu berücksichtigen:

- Mathematische Symbole werden richtig verwendet.
- Dargestellte Größen werden in der richtigen Einheit verwendet.
- Geometrische Konstruktionen und Zeichnungen sind mit angemessener Genauigkeit sauber auf weißem Papier ausgeführt.
- Lösungswege sind erkennbar dargestellt und Ergebnisse deutlich hervorgehoben. (Bei Textaufgaben sollte man das Ergebnis in Form eines Antwortsatzes darstellen.)
- Es findet sich ein sauberes und ordentliches Schriftbild. (Unleserliche Teile der Arbeit können unter Umständen nicht bewertet werden!)

Ihre Note ergibt sich nach folgendem Bewertungsschlüssel:

Note	1	2	3	4	5	6
%	≥ 94 %	≥ 76 %	≥ 64 %	≥ 50 %	≥ 16 %	darunter

Methodische Hinweise und allgemeine Tipps zur schriftlichen Prüfung

Vorbereitung auf die Prüfung

Viele Generationen von Schülern haben sich schon mit Prüfungen befassen müssen. Immer wieder war die Frage „Wie bereite ich mich auf eine Prüfung zweckmäßig vor?“ von großer Bedeutung. Aus den Erfahrungen der vielen Jahre haben sich einige wesentliche Schwerpunkte zur Beantwortung dieser Frage ergeben, die im Folgenden dargestellt und erläutert werden.

1. **Psychologische Voraussetzung, um erfolgreich zu sein**
   - Welche Einstellung zum Fach haben Sie? Eine erste Voraussetzung für Erfolge beim Lernen ist eine positive Sichtweise, man muss das Fach Mathematik deshalb nicht gleich zum Lieblingsfach erklären, aber eine totale Ablehnung ist nicht hilfreich.
   - Gehen Sie mit Selbstvertrauen an die Arbeit. Wer sich langfristig vorbereitet hat, muss keine Angst haben.
   - Seien Sie bereit zu lernen und zu arbeiten; ohne Anstrengung wird man kein Ziel erreichen.
   - Überschätzen Sie sich aber auch nicht unter dem Motto „Ich kann schon alles!“. Wer so denkt, kann bei ungenügender Vorbereitung später einen Einbruch erleben.

2. **Beginnen Sie mit der Prüfungsvorbereitung rechtzeitig.**
   - Eine langfristige Vorbereitung sollte sich möglichst auf das ganze 10. Schuljahr **verteilen**.
   - Die „heiße Phase“ sollte dann etwa 12 Wochen vor der Prüfung beginnen.
   - Vermeiden Sie unbedingt eine „Hau-Ruck“-Aktion, in der sich die Vorbereitungsphase auf die letzten drei Tage vor dem Prüfungstermin beschränkt.
   - Die Themengebiete, die Sie als besonders problematisch empfinden, sollten Sie rechtzeitig und immer wiederholend in Angriff nehmen.
   - Stellen Sie einen Zeitplan auf, in dem deutlich wird, wann welches Thema abgearbeitet werden soll.

3. **Unterlagen organisieren**
   Für die Prüfungsvorbereitung ist es ratsam, einen Extraordner anzulegen. Dann haben Sie alle wichtigen Informationen stets zur Hand und vertrödeln keine Zeit mit aufwendigen Suchereien. Neben den schon bearbeiteten Themen sollte dieser Ordner auch alle noch zu lösenden Probleme und aufgetretene, noch nicht beantwortete Fragen beinhalten.

4. **Wiederholung lieber „etappenweise"**
   Um bestimmte Themen zu vertiefen, ist ein ständiges Wiederholen und Üben sinnvoll. Dazu sollen auch die in diesem Buch veröffentlichten Aufgaben ihren Beitrag leisten. Es ist weniger sinnvoll, alle Übungsaufgaben mit einem einzigen Kraftakt zu lösen. Wohl portioniert und nach Sachthemen geordnet übt man sinnvoller. Am Ende aller Vorbereitungen kann man im gegebenen Zeitrahmen eine Prüfung vollständig als „Generalprobe" bearbeiten.

5. **Welche wichtigen Sätze, Definitionen und Regeln sollten Sie (evtl. auch auswendig) kennen?**
   Dabei sollten Sie sich auf ein Mindestmaß beschränken. An dieser Stelle erkunden Sie am besten auch, welche dieser Informationen im Nachschlagewerk zu finden sind. In diesem wichtigen Hilfsmittel muss man sich unbedingt gut auskennen. Wer bei der Prüfung sein Tafelwerk zum ersten Mal in die Hand nimmt, wird damit keine großen Erfolge haben.

6. **Lernen nach dem „Ich-du-wir"-Prinzip**
   1. Schritt: **Ich** mache das so!
   - eigenständiges Auseinandersetzen mit der Thematik, Kernideen finden; dabei erste Schritte der Lösungsfindung
   - in dieser Phase liegt der Schwerpunkt auf dem Anknüpfen an Vorwissen
   - man muss nicht unbedingt zur vollständigen Lösung gelangen, Irrwege sind nicht auszuschließen, aber besser jetzt als zu spät

   2. Schritt: Wie machst **du** es?
   - Kontakte mit den Mitschülern herstellen und fragen: Wie hast du die Aufgabe gelöst?
   - Nachvollziehen der Gedanken und Ideen anderer Schüler
   - Vorstellen der eigenen Lösungsgedanken, dies fördert auch die Kompetenz im Argumentieren

   3. Schritt: Das machen **wir** ab!
   - Die Ergebnisse der Du-Phase anderen Mitschülern (oder gar der ganzen Klasse?) vorstellen, vergleichen, diskutieren, jetzt kann die vollständige Lösung formuliert werden; vielleicht ergeben sich auch mehrere Lösungswege, was unseren Horizont erweitert.

Bearbeitung der Prüfung

Um mathematische Probleme erfolgreich zu bewältigen haben sich im Laufe der Zeit vier Schritte zur Durchführung entwickelt:

1. Schritt: Verstehen des Problems
- Was ist bekannt?
- Welche Daten sind gegeben?
- Findet man in der Aufgabenstellung die Frage(n), um die es geht?
- Welche Bedingungen sind zu beachten?
- Sind die in der Aufgabenstellung enthaltenen Informationen vollständig oder fehlen welche? Sind auch Informationen überflüssig oder sogar widersprüchlich?

- Manchmal sind im Aufgabentext auch Informationen versteckt, d. h. nicht explizit angegeben.
- Versuchen Sie, Beziehungen zwischen den gegebenen Größen, Daten, Voraussetzungen und Aussagen zu finden!

2. Schritt: Zurechtlegen eines Lösungsplanes
- Welche mathematischen Themen werden in der Aufgabe angesprochen? Welche wichtigen Sätze, Regeln, Verfahren und Formeln fallen Ihnen dazu ein? Finden Sie evtl. im Nachschlagewerk zur Problematik passende Formeln (die vielleicht noch umzustellen sind)?
- Arbeiten Sie mit Skizzen und Hilfsfiguren (geometrische Darstellungen, Zeichnungen, Funktionsgraphen ...). Bezeichnen Sie geometrische Objekte oder andere algebraische Größen in geeigneter Weise (vermeiden Sie dabei Doppelbelegungen von Variablen – ein häufig auftretender Fehler).
- Kennen Sie schon ein ähnliches Problem aus dem Unterricht, der Prüfungsvorbereitung o. Ä.? Wenn ja, wie haben Sie damals die Lösung bewältigt?

3. Schritt: Ausführung des Planes
Führen Sie den Lösungsplan aus und untersuchen Sie dabei, ob jeder ausgeführte Teilschritt richtig und begründbar ist.

4. Schritt: Rückschau halten
- Überprüfen Sie das erzielte Ergebnis; ist es auch sinnvoll im Sinne der Aufgabenstellung?
- Wenn möglich, führen Sie eine Probe durch.
- Lassen sich alle durchgeführten Rechnungen und Schritte auch begründen?

Der „Lösungsplan"

Der schwierigste Teil der Lösung ist sicher das Suchen und Finden eines geeigneten **Lösungsansatzes** bzw. das Planen eines erfolgreichen und vielleicht sogar „eleganten" Lösungsweges. Daher gehen wir an dieser Stelle anhand einer Beispielaufgabe noch etwas genauer darauf ein, wie Sie dabei vorgehen können.

Beispielaufgabe: Berechnen Sie den Flächeninhalt des von Um- und Inkreis eines gleichseitigen Dreiecks mit der Seitenlänge $a = 2$ cm begrenzten Kreisrings.

- Stellen Sie fest, zu welchem Teilgebiet der Mathematik die Aufgabenstellung passt:

  Themenbereich Geometrie: Berechnungen am Kreis, Kreisring (Umkreis, Inkreis), Berechnungen am Dreieck

- Fertigen Sie eine Lösungsskizze an, die die gegebenen und die zur Ermittlung der gesuchten Größen benötigten weiteren Größen enthält:

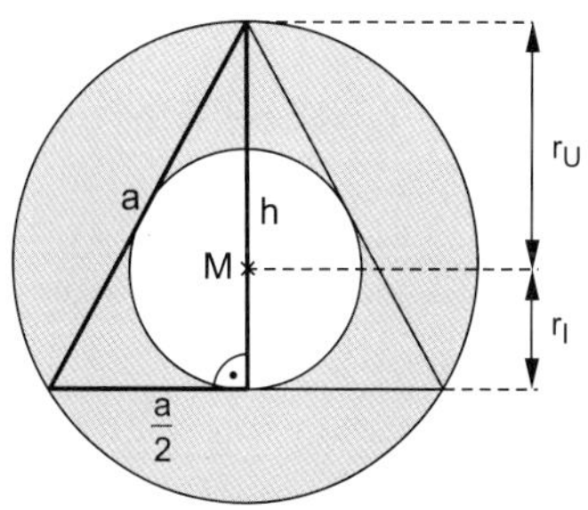

- Anhand Ihrer Lösungsskizze können Sie nun schrittweise den „Lösungsplan" erarbeiten, um aus den gegebenen Größen die gesuchte Größe zu erhalten. Dabei bietet sich meist an, „rückwärts" von der gesuchten Größe auszugehen:

  Der Flächeninhalt des grau markierten Kreisrings ergibt sich durch die Subtraktion des Flächeninhalts des Inkreises von dem des Umkreises. Der Flächeninhalt eines Kreises berechnet sich mit der Formel $A = \pi \cdot r^2$.

  Da sich in einem gleichseitigen Dreieck die Höhen, die Winkelhalbierenden und die Seitenhalbierenden in einem Punkt, der gleichzeitig Mittelpunkt des In- und Umkreises ist, schneiden, gilt das Seitenverhältnis 2 : 1. Der Radius r_I *des Inkreises entspricht daher* $\frac{1}{3}$ *der Höhe h des Dreiecks, der Radius* r_U *des Umkreises* $\frac{2}{3}$ *der Höhe h.*

  Die Höhe h kann aus der Seitenlänge a mithilfe des Satzes von Pythagoras ermittelt werden: $a^2 = h^2 + \left(\frac{a}{2}\right)^2$ *<u>oder</u> Sie entnehmen der Formelsammlung, dass sich die Höhe in einem gleichseitigen Dreieck durch* $h = \frac{a}{2}\sqrt{3}$ *ergibt.*

- Jetzt können Sie die gegebenen Größen in die Formel(n) einsetzen, die Formel(n) nach den gesuchten Größen umstellen und ggf. nacheinander anwenden. Dabei können Sie die Richtung der Rechnung gegenüber Ihrem „Lösungsplan" auch umkehren, indem Sie mit derjenigen Größe anfangen, die auch zuerst berechnet werden muss. Wichtig ist nur, dass der Rechengang nachvollziehbar ist.

  Zunächst berechnen Sie aus der gegebenen Seitenlänge die Höhe des gleichseitigen Dreiecks. Wenn Sie die Formel für die Höhe in einem gleichseitigen Dreieck nicht Ihrer Formelsammlung entnommen haben, ergibt sie sich durch Umstellen des Satzes von Pythagoras.

$$h^2 = a^2 - \left(\frac{a}{2}\right)^2$$

$$\Rightarrow h = \sqrt{a^2 - \left(\frac{a}{2}\right)^2} = \sqrt{a^2 - \frac{a^2}{4}} = \sqrt{\frac{3}{4}a^2} = \frac{a}{2}\sqrt{3}$$

  Die Höhe setzen Sie nun in die Formel zur Berechnung der Kreisflächen ein. Mit $r_U = \frac{2}{3} \cdot h$ *und* $r_I = \frac{1}{3} \cdot h$ *ergibt sich für die Flächeninhalte der beiden Kreise:*

$$\begin{aligned} A_U &= \pi \cdot r_U^2 \\ &= \pi \cdot \left(\frac{2}{3}h\right)^2 \\ &= \pi \cdot \left(\frac{\cancel{2}^1}{3} \cdot \frac{a}{\cancel{2}_1}\sqrt{3}\right)^2 \\ &= \pi \cdot \frac{a^2}{9} \cdot 3 \\ &= \pi \cdot \frac{a^2}{3} \end{aligned}$$

  und

$$
\begin{aligned}
A_I &= \pi \cdot r_I^2 \\
&= \pi \cdot \left(\frac{1}{3} h\right)^2 \\
&= \pi \cdot \left(\frac{1}{3} \cdot \frac{a}{2}\sqrt{3}\right)^2 \\
&= \pi \cdot \frac{1}{9} \cdot \frac{a^2}{4} \cdot 3 \\
&= \pi \cdot \frac{a^2}{12}
\end{aligned}
$$

Der Flächeninhalt des Kreisrings berechnet sich wie folgt:

$$
\begin{aligned}
A_{Ring} &= A_U - A_I \\
&= \pi \cdot \frac{a^2}{3} - \pi \cdot \frac{a^2}{12} \\
&= \pi \cdot a^2 \left(\frac{1}{3} - \frac{1}{12}\right) \\
&= \pi \cdot a^2 \left(\frac{4}{12} - \frac{1}{12}\right) \\
&= \pi \cdot a^2 \cdot \frac{3}{12} \\
&= \frac{1}{4} \cdot \pi \cdot a^2 \\
&= \frac{1}{4} \cdot \pi \cdot (2\,\text{cm})^2 \\
&= \pi\,\text{cm}^2 \approx \underline{\underline{3{,}14\,\text{cm}^2}}
\end{aligned}
$$

Ergebnis: Der Flächeninhalt des Kreisrings beträgt ca. 3,14 cm^2.

Zentrale Prüfung 2014 in Mathematik
am Ende der 10. Jahrgangsstufe – Gymnasium Brandenburg

Aufgabe 1: Basisaufgaben

BE

a) Eine kreisförmige Uhr hat einen Durchmesser von 15 cm.
Geben Sie den Umfang der Uhr an.

________________ 1

b) Fritz legte zum 1. Januar 2014 bei seiner Bank 2 000 € zu einem jährlichen Zinssatz von 2 % an.
Geben Sie an, wie viele Zinsen (in €) er nach einem Jahr erhält.

____ 1

c) Der Futtervorrat für 4 Pferde reicht 8 Tage.
Geben Sie an, wie lange das Futter für 8 Pferde reicht.

____ 1

d) Abgebildet ist eine Parabel mit der Gleichung $y = x^2 + c$.
Kreuzen Sie den richtigen Wert für c an.

☐ $c = 2$

☐ $c = -2$

☐ $c = -4$

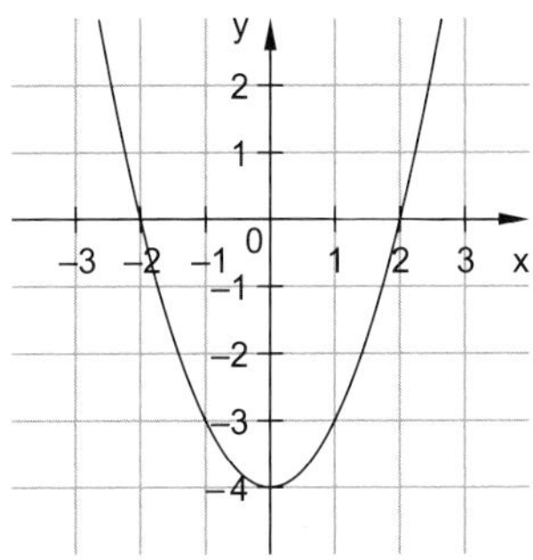

1

e) Die Spannweite folgender Zahlen soll 25 sein.
Ergänzen Sie die fehlende Zahl.

13; 18; 21; 21; 24; ______ 1

f) Nur eine der folgenden Aussagen ist richtig. Kreuzen Sie diese an.
In jedem Trapez gibt es

☐ einen rechten Winkel.

☐ ein Paar paralleler Seiten.

☐ gleich lange Diagonalen. 1

g) Markieren Sie 8 % der Fläche.

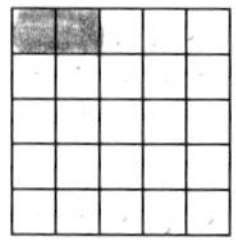

1

h) Von einem Rechteck sind die beiden Seitenlängen a und b gegeben.
$a = 4$ cm; $b = 16$ cm

Geben Sie an, wie lang die Seite s eines Quadrats ist, das den gleichen Flächeninhalt hat.

4 • 16 = 64 s = 32

2

i) Die Geraden g und f sind durch die Gleichungen $g(x) = 3x + 7$ und $f(x) = 3x - 7$ gegeben.

Kreuzen Sie die richtige Aussage an.

☐ Die Geraden schneiden sich.

☐ Die Geraden sind identisch.

☐ Die Geraden sind parallel.

1

10

Aufgabe 2: Quadratische und lineare Funktionen

Im vorgegebenen Koordinatensystem ist die Gerade g eingezeichnet.

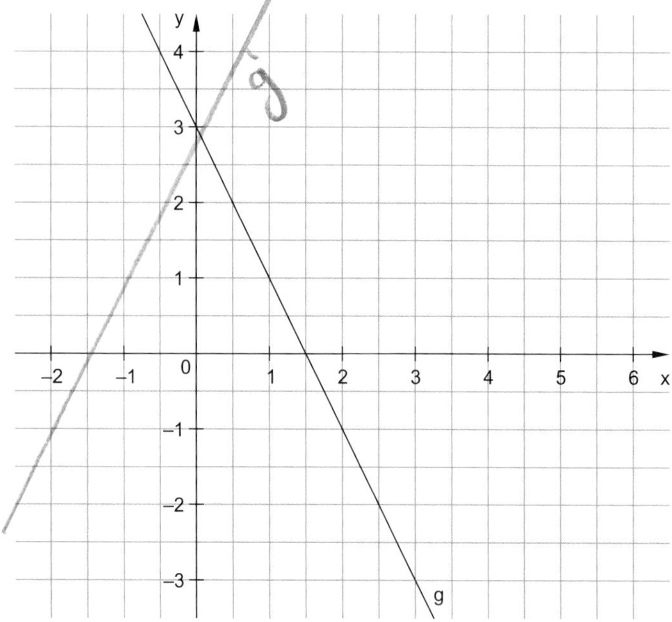

a) Geben Sie das Monotonieverhalten der dargestellten Funktion an. 1

b) Die Gerade g soll an der x-Achse gespiegelt werden. Ihr Spiegelbild heißt g'.

- Zeichnen Sie das Spiegelbild g' in das Koordinatensystem ein und geben Sie die dazugehörige Funktionsgleichung in der Form $y = mx + n$ an.

- Die Gerade g soll nun an der y-Achse gespiegelt werden.
Ihr Spiegelbild heißt g''.
Erläutern Sie, wie Sie ohne Zeichnung die Gleichung von g'' ermitteln können. 4

c) Der Scheitelpunkt einer Parabel p liegt auf dem Schnittpunkt der Geraden g mit der x-Achse. Ihr Graph schneidet die y-Achse im gleichen Punkt wie die Gerade g. Sie ist durch die Gleichung $p(x) = ax^2 + bx + c$ gegeben.
Es gilt: $a, b, c, x \in \mathbb{R}$ und $a \neq 0$.

- Ermitteln Sie die Koeffizienten a, b, c.
- Zeichnen Sie die Parabel in das vorgegebene Koordinatensystem ein. 5

10

Aufgabe 3: Sportfest

Beim Schulsportfest des Einstein-Gymnasiums sind Peter und Franz die beiden besten Schüler ihrer Jahrgangsstufe im Weitsprung. Während der Wettkämpfe werden für die beiden folgende Weiten gemessen:

Peter	**Franz**
4,58 m	5,10 m
3,97 m	5,55 m
5,30 m	5,05 m
7,05 m	4,30 m
5,55 m	6,45 m

a) Berechnen Sie für jeden der beiden Sportler den Mittelwert der gemessenen Weitsprungergebnisse. 2

b) Zur bevorstehenden Kreismeisterschaft darf nur einer der beiden Sportler delegiert werden. Der Sportlehrer hat sich für Franz entschieden.
Begründen Sie diese Entscheidung anhand eines Vergleiches der Ergebnisse beider Sportler. 2

c) Im Finale der Kreismeisterschaften im Weitsprung sind 5 Schüler. Um die Startfolge festzulegen, zieht jeder Sportler seine Startnummer aus einer Urne mit 5 Losen.

- Ermitteln Sie, wie viele Möglichkeiten es für die Reihenfolge der Sprünge der Sportler gibt.
- Berechnen Sie die Wahrscheinlichkeit dafür, dass Franz als erster oder zweiter Sportler antreten darf, wenn er im Finale ist. 4

8

Aufgabe 4: Im Krankenhaus

In Krankenhäusern werden Medikamente oft in Form von Kapseln eingesetzt. Die Einzeldosis beträgt 15 mg pro Kilogramm Körpermasse. Eine höhere Dosierung kann zu schweren Gesundheitsschädigungen führen.
Nach ca. einer Stunde hat der Körper den Wirkstoff vollständig aufgenommen. Dann beginnt der Abbau. Dabei gilt: Nach jeweils einer Stunde hat sich die Masse des Wirkstoffes im Körper halbiert.

a) Eine Kapsel enthält 500 mg des Wirkstoffes.
Berechnen Sie, wie viele ganze Kapseln ein Erwachsener mit der Körpermasse von 85 kg auf einmal einnehmen darf, ohne seine Gesundheit zu gefährden. 3

b) Eine Patientin hat 1 Kapsel mit 500 mg des Wirkstoffes eingenommen.

- Zeichnen Sie in das vorgegebene Diagramm den Verlauf des Abbaus des Medikamentes für den Zeitraum von vier Stunden nach vollständiger Wirkstoffaufnahme ein. 🖹
(*Hinweis:* Der Abbau beginnt zum Zeitpunkt $t = 1$ h)
- Ermitteln Sie die Masse des Wirkstoffes (in mg) drei Stunden nach der Einnahme.
- Begründen Sie, dass es sich um einen exponentiellen Zerfall handelt.

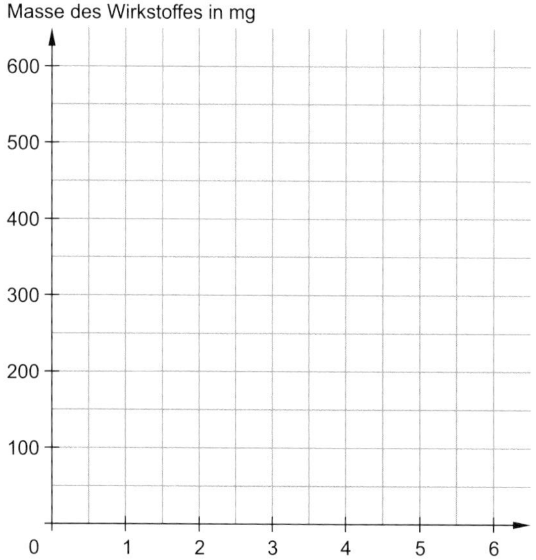

4

c) Die Funktionsgleichung $f(t) = 1\,000 \cdot 0{,}5^t$ mit $t \geq 1$ beschreibt den Abbau des Wirkstoffes einer Kapsel im Körper. Dabei gibt $f(t)$ die noch vorhandene Masse des Wirkstoffes in Milligramm an und t die Zeit in Stunden ab der Einnahme der Kapsel.
Berechnen Sie, nach welcher Zeit die noch vorhandene Masse des Wirkstoffes einer Kapsel im Körper auf 5 mg gesunken ist. 3

10

Aufgabe 5: Abraumhalde

In Loos-en-Gohelle in Frankreich wurde über viele Jahre großräumig Kohle abgebaut. Heute dominieren zwei riesige Berge aus Abraum die Landschaft. Eine dieser sogenannten Halden hat angenähert die Form eines Körpers, der sich aus einem halben geraden Kreiskegel und einer schiefen Pyramide zusammensetzt (siehe Abbildung).

Bekannt sind:

$\overline{BS} = 214$ m

$\overline{AS} = \overline{DS} = 193$ m

$\overline{BD} = 334$ m

$\overline{DM} = r = 154$ m

$\alpha = 37°$

$\beta = \sphericalangle DSB$

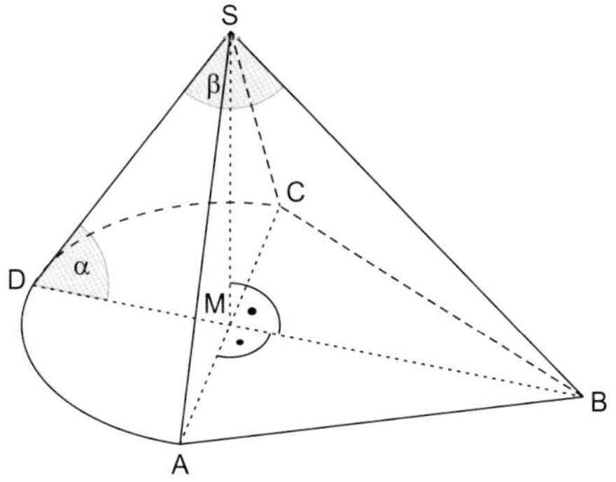

(Skizze nicht maßstabsgerecht)

a) Durch die Aufschüttung von Abraum wird landwirtschaftliche Nutzfläche abgedeckt. Allein durch die Pyramide sind das bereits ca. 27 720 m^2.
Ermitteln Sie die Größe der Fläche, die durch die gesamte Halde abgedeckt wird. 4

b) Berechnen Sie für diese Halde den Winkel β an der Spitze. 3

c) Die Pyramide hat ein Volumen von ca. 1 070 000 m^3.
1 m^3 hat eine Masse von 1,8 t.

- Ermitteln Sie das Volumen des halben Kegels.
- Berechnen Sie die Anzahl der Lkw-Ladungen, die zur Abfuhr des kompletten Erdreiches notwendig wären, wenn die Ladekapazität eines Transporters bei maximal 25 t liegt. 5

12

Hinweise und Tipps

Aufgabe 2

a)

- Folgende Monotonieverhalten von Funktionen in Intervallen sind möglich:
  monoton steigend, streng monoton steigend, monoton fallend, streng monoton fallend
- Lineare Funktionen sind stets entweder streng monoton fallend oder streng monoton steigend.
- Das Monotonieverhalten einer linearen Funktion kann mithilfe des Vorzeichens des Anstieges m in der Funktionsgleichung $y = mx + n$ ermittelt werden.

b)

- Eine Gerade, also auch die gespiegelte Gerade g', ist eindeutig durch zwei Punkte festgelegt.
- Ermitteln Sie zwei Punkte, die auf der Spiegelgeraden g' liegen, und zeichnen Sie die Gerade durch diese.
- Ermitteln Sie nun aus einem geeigneten Steigungsdreieck von g' den Anstieg $m = \frac{\Delta y}{\Delta x}$ und aus dem Schnittpunkt $S_y'(0 \mid n')$ von g' das Absolutglied n.
- Spiegelt man den Graphen einer Funktion $y = f(x)$ an der y-Achse, dann hat der gespiegelte Graph die Gleichung $y = f(-x)$.
- Man erhält die zu g'' gehörende Funktionsgleichung, indem man in die Funktionsgleichung von g statt des Arguments x das Argument $-x$ einsetzt und den Funktionsterm ggf. weiter vereinfacht.

c)

1. Möglichkeit:

- Eine Parabel ist durch 3 Punkte eindeutig festgelegt, die auf dieser Parabel liegen.
- Die Koordinaten jedes dieser Punkte erfüllen jeweils die allgemeine Form.
- Daraus ergeben sich drei Gleichungen für die gesuchten Parameter a, b und c.
- Lösen Sie das entstehende Gleichungssystem.

2. Möglichkeit:

- Setzen Sie die Koordinaten des Scheitelpunkts der Parabel $(S(1{,}5 \mid 0))$ in die Scheitelpunktform ein.
- Damit ist in der Scheitelpunktform nur noch ein Parameter enthalten.
- Diesen kann man ermitteln, wenn man die Koordinaten eines bekannten Punktes $(P(0 \mid 3))$ einsetzt.
- Wandeln Sie anschließend die Scheitelpunktform in die allgemeine Form um, um die Parameter a, b und c ablesen zu können.

Aufgabe 3

a)

- Der Mittelwert einer Datenreihe ergibt sich aus dem Quotienten der Summe aller Daten und der Anzahl der Daten dieser Reihe.

b)

- Zum Vergleich von Datenreihen nutzt man statistische Kenngrößen, wie z. B. die Spannweite $w = x_{max} - x_{min}$.

c)

- Jeder Sportler zieht ein Los, ohne es zurückzulegen.
- Der erste Sportler hat 5 Lose zur Auswahl, der zweite Sportler noch 4 usw.
- Die gesuchte Anzahl der Reihenfolgen ergibt sich aus dem Produkt dieser Anzahlen.
- Die Wahrscheinlichkeit vom einem der n Plätze zu starten, ist für jeden Platz gleich, also $\frac{1}{n}$.

Aufgabe 4

a)

- Ermitteln Sie gegebene Größen und Zusammenhänge zwischen ihnen.
- Wie viel mg Wirkstoff kann ein 85 kg schwerer Mensch aufnehmen?
- Wie viele Kapseln enthalten diese Masse an Wirkstoff?
- Kann man hier die Kapseln teilen?

b)

- Beachten Sie beim Eintragen der Messwerte in das Koordinatensystem, dass der Wirkstoffabbau erst nach einer Stunde beginnt und die Messwerte für einen Zeitraum von genau vier Stunden einzutragen sind.

1. Möglichkeit:

- Gesucht ist die Masse des Wirkstoffs 3 Stunden nach der Aufnahme, also zum Zeitpunkt $t = 3$ h. Lesen Sie diesen Wert aus dem Koordinatensystem ab.

2. Möglichkeit:

- Zu Beginn liegen 500 mg Wirkstoff vor. Nach einer Stunde ist die Hälfte davon abgebaut. Nach einer weiteren Stunde ist davon wiederum die Hälfte abgebaut usw. Berechnen Sie hierüber die Masse nach 3 Stunden.
- Es handelt sich um einen exponentiellen Zerfall, wenn in gleichen Zeiten die gleiche Menge zerfällt.

c)

- f(t) gibt die Restmasse des Wirkstoffs nach der Zeit t an.
- Welche Gleichung ergibt sich dann für t, wenn die Restmasse 5 mg betragen soll?
- Eine Exponentialgleichung löst man durch Logarithmieren beider Seiten der Gleichung.
- Verwenden Sie das Logarithmengesetz $\lg u^v = v \cdot \lg u$.

Aufgabe 5

a)

- Die durch die Aufschüttung abgedeckte Nutzfläche entspricht der Grundfläche des dargestellten Körpers.
- Aus welchen Teilflächen setzt sich diese Grundfläche zusammen?
- Welche dieser Teilflächen ist bereits gegeben und welche ist noch zu berechnen?
- Die Grundfläche des Kreiskegels ist ein Halbkreis.
- Addieren Sie beide Flächen, denn es ist die gesamte Grundfläche gesucht.

b)

Der Winkel β ist ein Innenwinkel des Dreiecks DBS.

1. Möglichkeit:

Zerlegen Sie das Dreieck in zwei rechtwinklige Dreiecke. Die gemeinsame Seite dieser beiden Dreiecke ist die Höhe des dargestellten Körpers.

Der Winkel β wird durch die Innenwinkel bei S der Dreiecke DMS und MBS gebildet.

Der Winkel $\sphericalangle$ MSD ergibt sich aus dem Innenwinkelsatz.

$\overline{MS}$ lässt sich mithilfe des Sinus berechnen.

Der Winkel $\sphericalangle$ BSM lässt sich über den Kosinus berechnen.

2. Möglichkeit:

Wenn alle drei Seiten eines Dreiecks gegeben sind, kann man mit dem Kosinussatz einen Winkel zwischen zwei benachbarten Seiten dieses Dreiecks berechnen.

c)

Gesucht ist das Gesamtvolumen der Halde.

Das Gesamtvolumen setzt sich aus einer Pyramide und einem Halbkegel zusammen.

Volumen eines Kegels: $V_K = \frac{\pi}{3} r^2 h$

Die Gesamtmasse berechnet sich über $m_{ges} = V_{ges} \cdot 1{,}8 \frac{t}{m^3}$.

Die Anzahl der Lkw-Ladungen ergibt sich als Quotient aus Gesamtmasse und Ladekapazität eines Transporters.

Runden Sie sinnvoll.

Lösung

1. a) Ein Kreis hat den Umfang $u = 2 \cdot r \cdot \pi = d \cdot \pi$.

   $u = d \cdot \pi = 15\,\pi\text{ cm} \approx \underline{\underline{47{,}12\text{ cm}}}$

   b) Es gilt: 2 % = 0,02

   Zinsen nach einem Jahr:

   2 % von 2 000 € = 0,02 · 2 000 € = $\underline{\underline{40\ €}}$

   c) Hier liegt eine indirekte Proportionalität vor. Wird die Zahl der Pferde verdoppelt (4 · 2 = 8), reicht das Futter nur die Hälfte der Zeit, also:

   8 Tage : 2 = $\underline{\underline{4\text{ Tage}}}$

   d) Der Scheitel der Parabel ist $S(0\,|\,c) = S(0\,|\,-4)$.

   $\Rightarrow$ ☒ $\underline{\underline{c = -4}}$

   e) Die Spannweite ergibt sich als Differenz des größten und kleinsten Wertes:

   $w = x_{max} - x_{min}$

   Daraus folgt:

   $x_{max} = w + x_{min} = 25 + 13 = 38$

   $\Rightarrow$ 13; 18; 21; 21; 24; $\underline{\underline{38}}$

   Alternative Lösung:

   Man kann auch die 24 als x_{max} ansehen und x_{min} berechnen.

   $x_{min} = x_{max} - w = 24 - 25 = -1$

   $\Rightarrow$ 13; 18; 21; 21; 24; −1

   f) Ein allgemeines Trapez hat immer ein Paar paralleler Seiten. Es muss aber weder einen rechten Winkel noch gleich lange Diagonalen haben (siehe Abbildung rechts).

   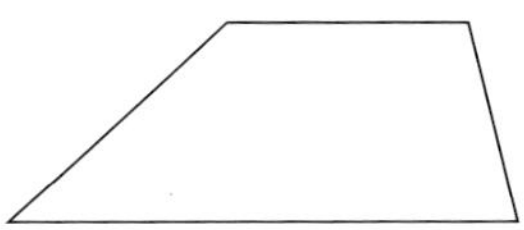

   $\Rightarrow$ ☒ $\underline{\underline{\text{ein Paar paralleler Seiten}}}$

   g) Die Fläche besteht aus 25 Kästchen.

   8 % von 25 = 0,08 · 25 = 2

   Es müssen also 2 Kästchen markiert werden.

   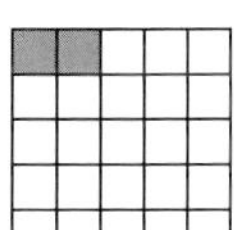

h) Ein Rechteck hat den Flächeninhalt $A = a \cdot b$.
Ein Quadrat hat den Flächeninhalt $A = s \cdot s = s^2$.

$$A_{Rechteck} = 4\text{ cm} \cdot 16\text{ cm} = 64\text{ cm}^2$$
$$A_{Quadrat} = 64\text{ cm}^2 = s^2 \quad \Rightarrow \quad \underline{\underline{s = 8\text{ cm}}}$$

i) Parallele Geraden haben dieselbe Steigung. Die Steigung liest man als m in $y = mx + n$ ab.

Steigung von g: 3
Steigung von f: 3

$\Rightarrow$ ☒ Die Geraden sind parallel.

Bemerkung: Die Geraden sind nicht identisch, weil sich die beiden Gleichungen im y-Achsenabschnitt n (bei g ist er 7, bei f ist er –7) unterscheiden.

2. a) Ist die Steigung negativ, so fällt die Funktion monoton, ist die Steigung positiv, so steigt die Funktion monoton.
Die Funktion fällt streng monoton über den gesamten Definitionsbereich.

b) 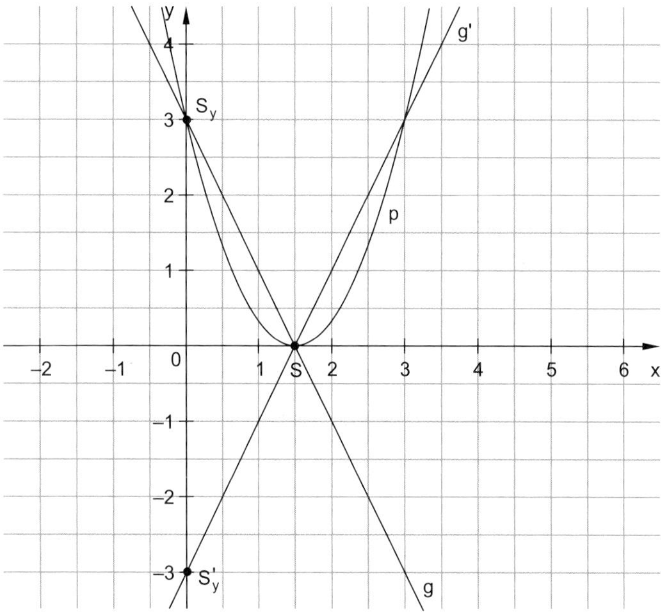

Der Anstieg von g' ist entgegengesetzt zum Anstieg von g. Der Graph von g' geht durch den Punkt $S'_y(0 \mid n') = S'_y(0 \mid -3)$.

g: $y = -2x + 3$ g': $y = 2x + n$
$\underline{\underline{y = 2x - 3}}$

Spiegelt man eine Funktion f(x) an der y-Achse, so hat das Bild die Gleichung y = f(–x), d. h.:

$$g(x) = -2x + 3$$
$$g''(x) = g(-x) = -2(-x) + 3$$
$$\underline{\underline{g''(x) = 2x + 3}}$$

c) In die allgemeine Form $p(x) = ax^2 + bx + c$ müssen 3 Punktkoordinaten eingesetzt werden. Das entstehende lineare Gleichungssystem muss gelöst werden.

$P_1(0\,|\,3) \in G_p$ wegen Aufgabenstellung

$P_2(3\,|\,3) \in G_p$ wegen Symmetrie der Parabel zur Geraden, die durch S und parallel zur y-Achse verläuft

$S\left(\frac{3}{2}\,\middle|\,0\right) \in G_p$ wegen Aufgabenstellung

1. Lösungsweg:

$$\begin{array}{lll} \text{I} & 3 = c \;\Rightarrow\; \underline{\underline{c = 3}} & P_1(0\,|\,3) \\ \text{II} & 3 = 9a + 3b + c & P_2(3\,|\,3) \\ \text{III} & 0 = \frac{9}{4}a + \frac{3}{2}b + c & S\left(\frac{3}{2}\,\middle|\,0\right) \end{array}$$

I in II und III

$$\begin{array}{lll} \text{II'} & 3 = 9a + 3b + 3 & \\ \text{III'} & 0 = \frac{9}{4}a + \frac{3}{2}b + 3 & |\cdot 4 \end{array}$$

$$\begin{array}{rl} 3 = 9a + 3b + 3 & \\ 0 = 9a + 6b + 12 & - \end{array}$$

$$3 = -3b - 9$$
$$12 = -3b$$
$$\underline{\underline{-4 = b}}$$

$$0 = 9a + 6 \cdot (-4) + 12$$
$$0 = 9a - 24 + 12$$
$$0 = 9a - 12$$
$$12 = 9a$$
$$\underline{\underline{a = \frac{12}{9} = \frac{4}{3}}}$$

$$\Rightarrow \quad a = \frac{4}{3};\; b = -4;\; c = 3$$

Zeichnung: siehe Teilaufgabe 2b

2. Lösungsweg:

Man kann auch von der allgemeinen Scheitelpunktform $p(x) = a \cdot (x+e)^2 + f$ ausgehen und dort sukzessive die Punkte einsetzen, um die Parameter a, e und f zu bestimmen.

$$p(x) = a(x+e)^2 + f \quad \text{mit dem Scheitel } S(-e\,|\,f) = S\left(\frac{3}{2}\,\middle|\,0\right)$$

$$\Rightarrow \quad -e = \frac{3}{2},\ f = 0$$

$$\Rightarrow \quad p(x) = a\left(x - \frac{3}{2}\right)^2$$

$$p(x) = a\left(x^2 - 3x + \frac{9}{4}\right)$$

$$P_1(0\,|\,3) \in G_p \quad \Rightarrow \quad p(0) = 3 = a\left(0 - 3 \cdot 0 + \frac{9}{4}\right)$$

$$3 = \frac{9}{4}a$$

$$3 \cdot \frac{4}{9} = a$$

$$a = \frac{4}{3}$$

$$\Rightarrow \quad p(x) = \frac{4}{3}\left(x^2 - 3x + \frac{9}{4}\right) = \frac{4}{3}x^2 - \frac{4}{3} \cdot 3x + \frac{4}{3} \cdot \frac{9}{4} = \frac{4}{3}x^2 - 4x + 3$$

$$\Rightarrow \quad \underline{\underline{a = \frac{4}{3},\ b = -4,\ c = 3}}$$

3. a) Zur Berechnung des Mittelwerts werden alle Werte addiert und durch die Gesamtzahl dividiert.

$$\underline{\underline{\overline{x}_{Peter}}} = \frac{26{,}45}{5} = \underline{\underline{5{,}29}}$$

$$\underline{\underline{\overline{x}_{Franz}}} = \frac{26{,}45}{5} = \underline{\underline{5{,}29}}$$

b) Im Durchschnitt sind beide Sportler gleich. Um dennoch die Sportler vergleichen zu können, kann man statistische Kenngrößen heranziehen, wie die Spannweite oder die empirische Varianz (Streuung).

$$w = x_{max} - x_{min}$$

$$w_{Peter} = 7{,}05 - 3{,}97 = 3{,}08$$

$$w_{Franz} = 6{,}45 - 4{,}30 = 2{,}15$$

Franz' Sprungweiten liegen enger beisammen, weil die Spannweite kleiner ist, d. h., seine Leistungen sind konstanter.

c) Man zieht ohne Zurücklegen; der erste Sportler hat dabei 5 Möglichkeiten, der zweite 4, der dritte 3 usw.

$$\text{ANZ} = 5 \cdot 4 \cdot 3 \cdot 2 \cdot 1 = \underline{\underline{120}}$$

Die Wahrscheinlichkeit, Erster zu sein, beträgt $\frac{1}{5}$.

Die Wahrscheinlichkeit, Zweiter zu sein, beträgt $\frac{1}{5}$.

Die Wahrscheinlichkeit, Erster oder Zweiter zu sein, beträgt:

$$P = \frac{1}{5} + \frac{1}{5} = \underline{\underline{\frac{2}{5}}}$$

4. a) Gegeben: Einzeldosis $15 \frac{\text{mg}}{\text{kg}}$

Kapsel	500 mg
Masse	85 kg

Erlaubte Wirkstoffeinnahme bei 85 kg:

$$85 \text{ kg} \cdot 15 \frac{\text{mg}}{\text{kg}} = 1\,275 \text{ mg}$$

Anzahl Kapseln:

$$\frac{1\,275 \not{\text{mg}}}{500 \not{\text{mg}}} = \underline{\underline{2{,}55}}$$

Dieser Erwachsene darf 2 Kapseln auf einmal nehmen, ohne sich zu gefährden (Kapseln dürfen nicht geteilt werden).

b) 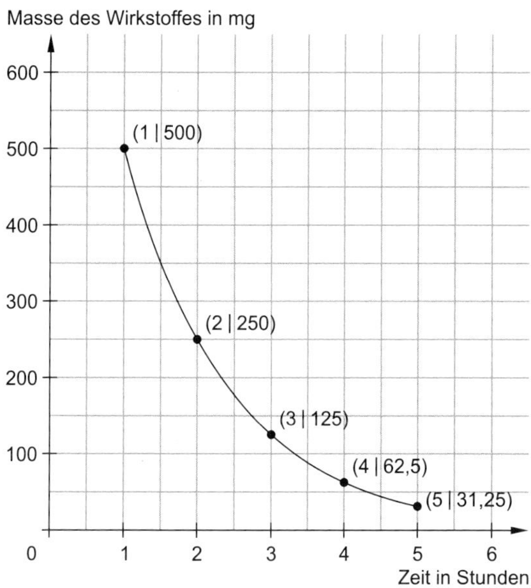

Die Masse nach 3 Stunden kann auf 2 Arten bestimmt werden.

1. Lösungsweg: Ablesen aus der Grafik

3 Stunden nach der Einnahme bedeutet, zum Zeitpunkt t = 3 h $\Rightarrow$ $\underline{\underline{125\text{ mg}}}$.

2. Lösungsweg: Rechnung

$$t = 1\text{ h:}\quad m_0 = 500\text{ mg}$$

$$t = 2\text{ h:}\quad m_1 = \frac{1}{2}\cdot 500\text{ mg} = 250\text{ mg}$$

$$t = 3\text{ h:}\quad m_2 = \frac{1}{2}\cdot 250\text{ mg} = \underline{\underline{125\text{ mg}}}$$

Begründung: In gleichen Zeitabständen zerfallen jeweils 50 % der Masse des noch vorhandenen Wirkstoffs. Deshalb handelt es sich um einen exponentiellen Zerfall.

c) $f(t) = 1\,000\cdot 0{,}5^t$ mit $t \geq 1$, t in h

Gegeben: $f(t) = 5$
Gesucht: t

$$\begin{aligned} 5 &= 1\,000\cdot 0{,}5^t \\ 0{,}005 &= 0{,}5^t \\ \lg 0{,}005 &= \lg 0{,}5^t \\ \lg 0{,}005 &= t\cdot \lg 0{,}5 \\ t &= \frac{\lg 0{,}005}{\lg 0{,}5} \\ t &\approx \underline{\underline{7{,}64}} \end{aligned}$$

Nach 7,64 h ist die Wirkstoffmasse auf 5 mg gesunken.

5. a) Skizze

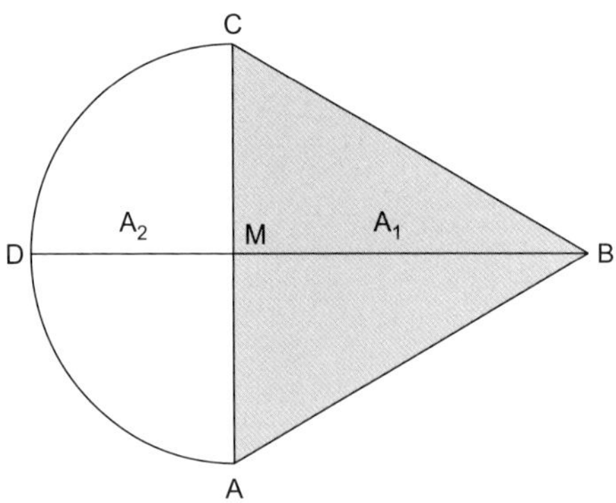

Gegeben: $A_1 = 27\,720\text{ m}^2$

Gesucht: A_2, A_{ges}

A_2 ist die Fläche eines Halbkreises mit dem Radius $r = \overline{DM}$.

$$A_{Kreis} = \pi r^2$$

$$A_2 = \frac{1}{2}\pi r^2 = \frac{1}{2}\pi \cdot (154\text{ m})^2 \approx 37\,253\text{ m}^2$$

$$A_{ges} = A_1 + A_2 = (27\,720 + 37\,253)\text{ m}^2 = \underline{\underline{64\,973\text{ m}^2}}$$

Es wird eine Fläche von 64 973 m² abgedeckt.

b) *1. Lösungsweg: Dreieck in 2 rechtwinklige Dreiecke zerlegen*
Skizze:

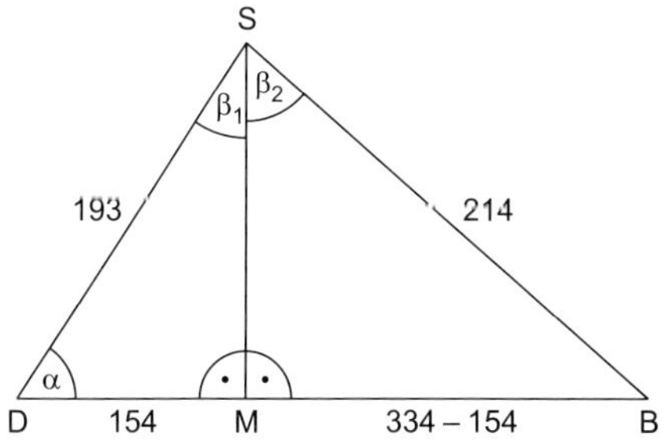

$$\beta_1 = 180° - 90° - 37° = 53°$$

$$\Delta DMS: \quad \sin\alpha = \frac{\text{Gegenkathete}}{\text{Hypotenuse}} \quad \Rightarrow \quad \sin 37° = \frac{\overline{MS}}{193}$$

$$\Rightarrow \quad \overline{MS} = 193 \cdot \sin 37° \approx 116{,}15$$

$$\Delta MBS: \quad \cos\beta_2 = \frac{\text{Ankathete}}{\text{Hypotenuse}} \quad \Rightarrow \quad \cos\beta_2 = \frac{\overline{MS}}{214}$$

$$\Rightarrow \quad \beta_2 \approx \cos^{-1}\left(\frac{116{,}15}{214}\right) \approx 57{,}13°$$

$$\Rightarrow \quad \underline{\underline{\beta}} = \beta_1 + \beta_2 = 53° + 57{,}13° = \underline{\underline{110{,}13°}}$$

2. Lösungsweg: Anwenden des Kosinussatzes
Skizze:

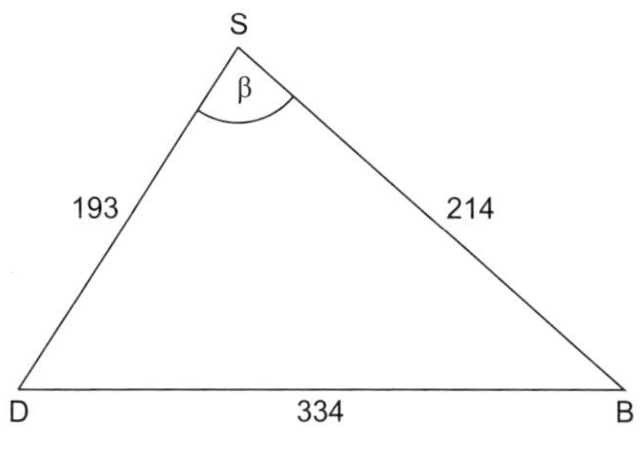

$$\overline{DB}^2 = \overline{DS}^2 + \overline{BS}^2 - 2 \cdot \overline{DS} \cdot \overline{BS} \cdot \cos\beta$$

$$2 \cdot \overline{DS} \cdot \overline{BS} \cdot \cos\beta = \overline{DS}^2 + \overline{BS}^2 - \overline{DB}^2$$

$$\cos\beta = \frac{\overline{DS}^2 + \overline{BS}^2 - \overline{DB}^2}{2 \cdot \overline{DS} \cdot \overline{BS}} = \frac{193^2 + 214^2 - 334^2}{2 \cdot 193 \cdot 214} \approx -0{,}3452$$

$$\underline{\underline{\beta = 110{,}19°}}$$

c) Gegeben: $V_{Pyr} = 1\,070\,000 \text{ m}^3$
$1 \text{ m}^3 \mathrel{\hat{=}} 1{,}8 \text{ t}$
$m_{Lkw} = 25 \text{ t}$

Gesucht: V_{HK}, ANZ

Volumen eines Kegels: $V_K = \frac{\pi}{3} r^2 h$

Mit $r = \overline{DM} = 154 \text{ m}$ und $h = \overline{MS} = 116{,}15 \text{ m}$ folgt:

$$V_{HK} = \frac{1}{2} \cdot \frac{\pi}{3} r^2 h = \frac{\pi}{6} r^2 h = \frac{\pi}{6} \cdot (154 \text{ m})^2 \cdot 116{,}15 \text{ m} \approx \underline{\underline{1\,442\,312 \text{ m}^3}}$$

Der Halbkegel hat ein Volumen von $1\,442\,312 \text{ m}^3$.

Die Halde hat ein Gesamtvolumen von: $V_{ges} = V_{Pyr} + V_{HK}$

$$V_{ges} \approx (1\,070\,000 + 1\,442\,312) \text{ m}^3$$

$$\underline{\underline{V_{ges} = 2\,512\,312 \text{ m}^3}}$$

Die Gesamtmasse der Halde beträgt: $m_{ges} = V_{ges} \cdot 1{,}8 \frac{\text{t}}{\text{m}^3} = 4\,522\,161{,}6 \text{ t}$

Die Anzahl der Lkw-Ladungen beträgt dann:

$$\text{ANZ} = \frac{m_{ges}}{m_{Lkw}} = \frac{4\,522\,161{,}6 \not{\text{t}}}{25 \not{\text{t}}} \approx 180\,886{,}5$$

Es sind $\underline{\underline{\text{180 887 Lkw-Ladungen.}}}$

Aufgabe 1: Basisaufgaben BE

a) Die Wahrscheinlichkeit, ohne Hinzusehen eine weiße Kugel zu ziehen, soll 50 % betragen.

Kreuzen Sie an, aus welchem Topf gezogen werden muss.

☐ 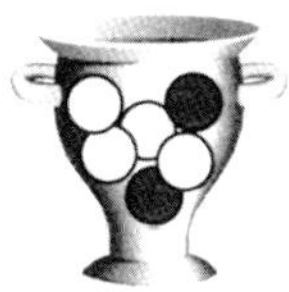 ☐ 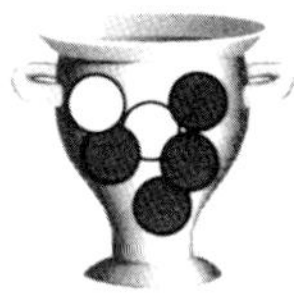 ☐ 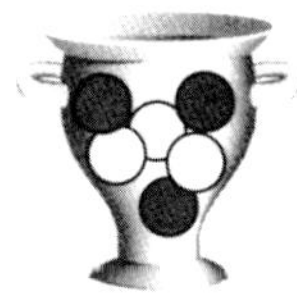 1

b) Geben Sie eine Zahl an, die größer als –150 ist.

____ 1

c) Kreuzen Sie die wahre Aussage an.

☐ $1{,}5 < \frac{3}{2}$ ☐ $\frac{8}{5} > \frac{3}{2}$ ☐ $\sqrt{2} > \frac{3}{2}$ 1

d) Die Geraden g und h sind parallel.

Geben Sie die Größe des Winkels α an.

____

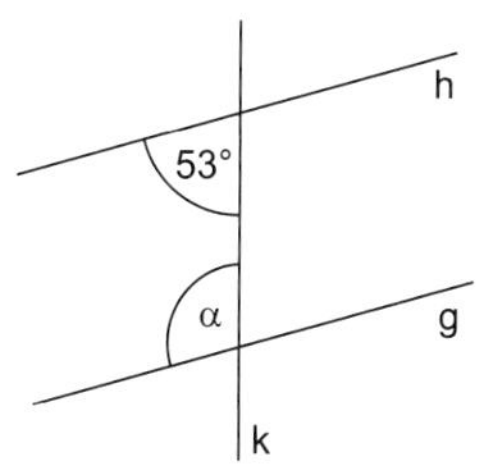

(Skizze nicht maßstäblich) 1

e) Max hat 400 € auf seinem Konto. Er erhält 2 % Zinsen im Jahr.

Geben Sie an, wie viel Euro Zinsen er nach einem Jahr bekommt.

____ 1

f) Geben Sie den Zentralwert (Median) folgender Messdaten an.

5 °C 7 °C 3 °C 8 °C 1 °C 8 °C 5 °C

____ 1

g) Kreuzen Sie die wahre Aussage an.

Multipliziert man zwei rationale Zahlen mit unterschiedlichen Vorzeichen, so ist das Ergebnis

☐ … immer positiv.

☐ … immer negativ.

☐ Das kann man nicht entscheiden. 1

h) Die abgebildete Normalparabel soll um zwei Einheiten nach rechts verschoben werden.

Geben Sie die Koordinaten des Scheitelpunktes der verschobenen Parabel an.

S(… | …)

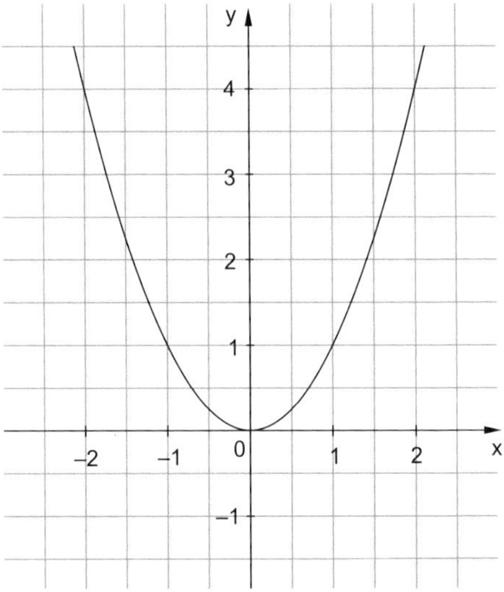

1

i) Kreuzen Sie die richtige Aussage an.

☐ $\sqrt{(-4)^2} = -4$ ☐ $\sqrt{(-4)^2} = +4$ ☐ $\sqrt{(-4)^2}$ ist nicht definiert. 1

j) Eine Wassertonne mit 600 Liter Fassungsvermögen ist noch zu $\frac{2}{3}$ gefüllt.

Geben Sie an, wie viel Liter Wasser nachgefüllt werden müssen, damit die Tonne wieder voll ist (ohne überzulaufen).

____________________ 1

10

Aufgabe 2: Funktionen

Im vorgegebenen Koordinatensystem sind der Graph der Funktion f mit $f(x) = 2 \cdot \sin(0{,}5\pi \cdot x)$; $(x \in \mathbb{R})$ und der Graph der Funktion g dargestellt.

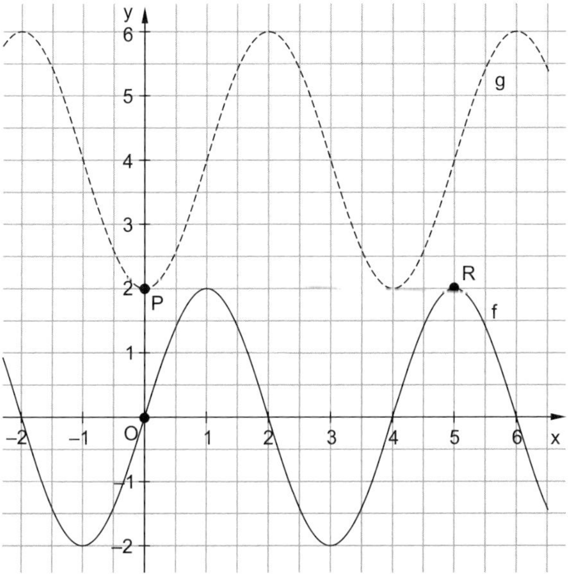

a) • Beschreiben Sie, wie man den Graphen der Funktion g aus dem Graphen der Funktion f erhält.

• Notieren Sie eine mögliche Gleichung der Funktion g. 4

b) Nennen Sie eine Eigenschaft, in der sich die beiden Funktionen f und g unterscheiden. Geben Sie diese für jede der beiden Funktionen an. 2

c) Der Schnittpunkt P der Funktion g mit der y-Achse, der Koordinatenursprung O und der Punkt R(5 | 2) sind Eckpunkte eines Dreiecks. (1 cm = 1 LE)
Berechnen Sie den Umfang des Dreiecks ORP. 2

d) Die Gerade h verläuft durch den Punkt P und senkrecht zur Dreiecksseite OR. Zeichnen Sie die Gerade h in das vorgegebene Koordinatensystem ein. 🖹
Geben Sie eine Gleichung der Geraden h an. 3

11

Aufgabe 3: Klassenfahrt

Die Klasse 10a plant eine Klassenfahrt in eine 175 km entfernte Jugendherberge.

a) Für die Hin- und Rückfahrt holen sie sich von zwei Busunternehmen Angebote ein.

Busunternehmen	Buchungsgebühr	Preis pro gefahrener Kilometer
Eurobus	200 Euro	1,50 Euro
Travelbus	–	2,00 Euro

Die Grafik veranschaulicht die entstehenden Fahrtkosten in Abhängigkeit von den gefahrenen Kilometern.

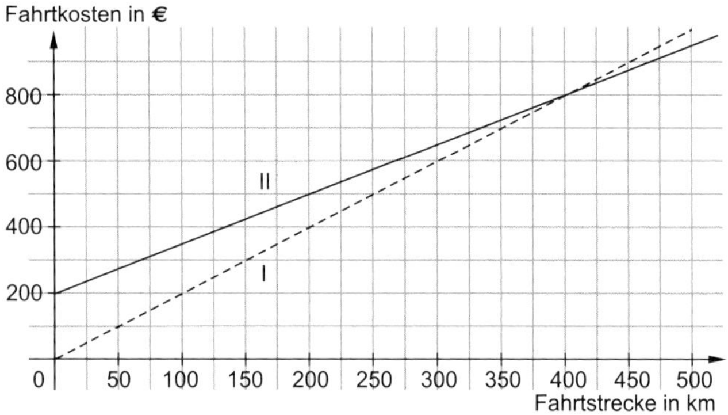

- Ordnen Sie dem Angebot von „Eurobus" den entsprechenden Graphen zu.
- Entscheiden und begründen Sie, welches Angebot für die Klassenfahrt das günstigere ist.
- Prüfen Sie, ob bei einer zusätzlichen Tagesfahrt von 100 km das von ihnen ausgewählte Angebot weiterhin das günstigere bleibt. 4

b) In der Jugendherberge stehen 16 Zimmer mit 66 Betten zur Verfügung.
Es gibt Dreibettzimmer und Fünfbettzimmer.
Berechnen Sie die jeweilige Anzahl der Zimmer. 3

c) Die sechs Mädchen der Klasse 10a werden in zwei Dreibettzimmern untergebracht.
Die Zimmerbelegung wird ausgelost.
Lisa darf als erste und Petra darf als zweite ein Los ziehen.
Berechnen Sie die Wahrscheinlichkeit dafür, dass beide Mädchen im gleichen Zimmer untergebracht werden. 3

10

Aufgabe 4: Fingerpuppe

Peter hat an seiner Schule eine Vorführung mit Fingerpuppen gesehen. Er möchte für seine kleine Schwester eine solche Puppe basteln. Im Internet findet er eine Bastelanleitung.

Der Hut ist ein unten offener gerader Kreiskegel. Der Kopf der Puppe besteht aus einer Holzkugel mit einem Durchmesser von 4 cm. Der Rumpf ist ein oben und unten offener gerader Zylinder.

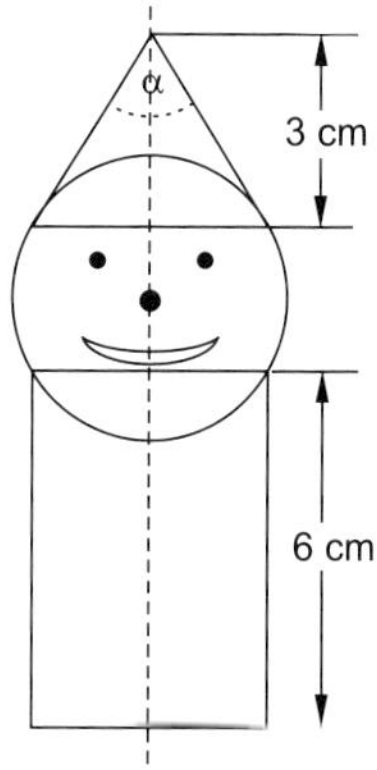

(Skizze nicht maßstabsgerecht)

a) Der Hut hat einen Grundkreisradius von etwa 1,73 cm und den Öffnungswinkel $\alpha = 60°$.
Zeigen Sie durch Rechnung, dass der Hut etwa 3 cm hoch ist. 2

b) Der Rumpf hat den gleichen Radius wie der Hut. Wird der Hut auf die Holzkugel gesetzt, so verschwindet die Kugel mit einem Viertel ihres Durchmessers darin.

- Berechnen Sie die Höhe der gesamten Fingerpuppe.
- Entscheiden und begründen Sie, ob ein Stück Zeichenkarton in der Größe einer Postkarte von 11 cm × 15 cm für die Herstellung von Hut und Rumpf ausreicht. (Klebefalze bleiben unberücksichtigt) 5

c) Jedes der drei Einzelteile möchte Peter mit einer anderen Farbe vollständig bemalen. Die Farben Rot, Grün und Blau stehen in ausreichender Menge zur Verfügung. Die gelbe Farbe reicht nur noch für ca. 60 cm².

- Zeigen Sie, dass die gelbe Farbe zum Bemalen des Kopfes ausreicht.
- Ermitteln Sie unter diesen Bedingungen die Anzahl aller möglichen Farbkombinationen für die Fingerpuppe.

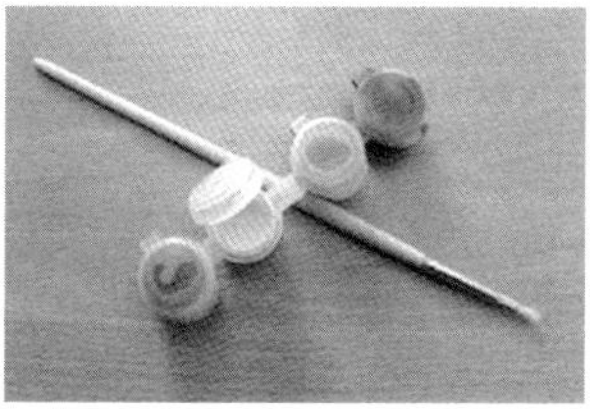

3

10

Aufgabe 5: Solardach

Familie Müller aus Berlin beabsichtigt, auf dem größeren Teil der Dachfläche ihres Hauses (in der Skizze dunkel dargestellt) Solarmodule anbringen zu lassen.
Der Neigungswinkel α beträgt 70°.

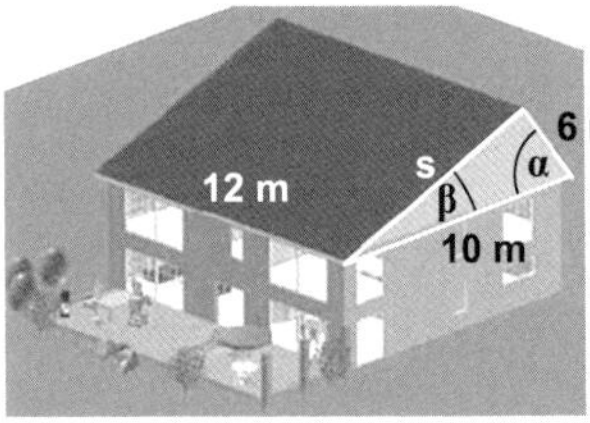

(Skizze nicht maßstäblich)

a) Zeigen Sie rechnerisch, dass die Dachkante s eine Länge von ca. 9,7 m hat. 2

b) Für eine optimale Arbeit der Module sollte deren Neigungswinkel β zwischen 30° und 40° liegen.
Prüfen Sie, ob die größere Dachfläche des Hauses diese Bedingung erfüllt. 2

c) Im Angebot sind Solarmodule in der Größe 1640 mm × 990 mm. Diese dürfen nur entweder im Längs- oder im Querformat aneinander verlegt werden.
Ermitteln Sie die maximale Anzahl solcher Solarmodule für diese Dachfläche. 3

d) Seit 1881 gibt es in Deutschland Wetteraufzeichnungen.
Das Jahr 2000 zählt in dieser Zeit zu den zehn wärmsten Jahren in Deutschland.
Die Abbildung zeigt die gemessene monatliche Sonnenscheindauer in Relation zur astronomisch möglichen Sonnenscheindauer.

- Bestimmen Sie für Berlin die mittlere Sonnenscheindauer des Jahres 2000.

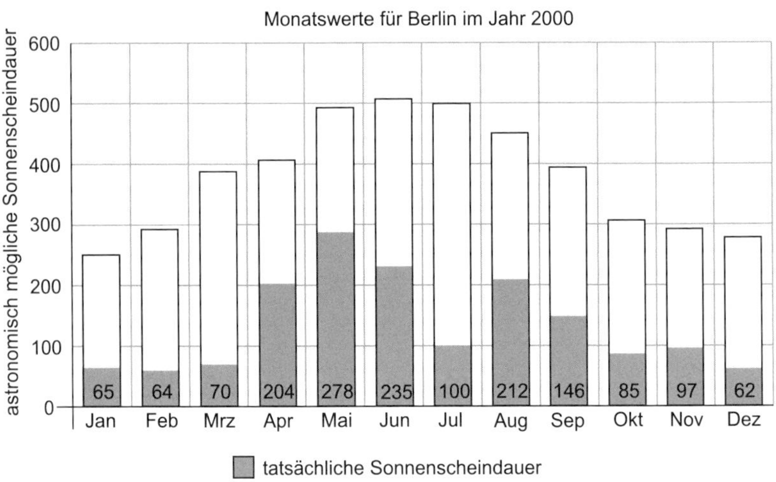

- Berechnen Sie, um wie viel Prozent die tatsächliche Sonnenscheindauer im Monat Juli unter der astronomisch zu erwartenden Sonnenscheindauer lag. 2

9

Hinweise und Tipps

Aufgabe 2

a)

- Betrachten Sie einen Punkt auf dem Graphen von f und beobachten Sie, wie dieser bewegt wird, um auf g zu gelangen.
- Welche Funktionseigenschaften verändern sich, welche bleiben gleich?
- Der Graph wird lediglich verschoben.

b)

- Welche Funktionseigenschaften gibt es?
- Denken Sie hier an den Wertebereich, die Nullstellen oder den Schnittpunkt mit der y-Achse.

c)

- Finden Sie das Dreieck in der Darstellung und markieren Sie es.
- Um welche Art von Dreieck handelt es sich?
- Der Umfang ist die Summe der Seitenlängen.
- Berechnen Sie die Seite $\overline{OR}$ mithilfe des Satzes des Pythagoras.

d)

- Zeichnen Sie die Gerade h in die Darstellung ein.
- Welcher Zusammenhang herrscht zwischen den Anstiegen zweier zueinander senkrecht stehender Graphen von linearen Funktionen?
- Den y-Achsenabschnitt können Sie aus dem Punkt P ablesen.

Aufgabe 3

a)

- Betrachten Sie den Verlauf der beiden Geraden.
- Welchen wichtigen Hinweis in der gegebenen Tabelle gibt es zur sicheren Zuordnung?
- Bestimmen Sie die Schnittpunkte mit der Fahrtkosten-Achse und vergleichen Sie sie mit der Buchungsgebühr.
- Wann ist ein Angebot günstiger? Suchen Sie dazu die Entfernungen auf der Abszissenachse auf.
- Berücksichtigen Sie die Hin- und die Rückfahrt.

b)

- Stellen Sie ein lineares Gleichungssystem auf.
- Welche Größen werden gesucht? Legen Sie dafür Variablen fest.
- Stellen Sie aus dem Aufgabentext heraus Gleichungen auf.
- Wenden Sie z. B. das Additionsverfahren zum Lösen des Gleichungssystems an.

c)

- Sie können z. B. ein Baumdiagramm verwenden, das in der 1. Stufe das Ziehen von Lisa und in der 2. Stufe das Ziehen von Petra darstellt.
- Oder Sie gehen davon aus, dass Lisa schon ein Zimmer gezogen hat, und bestimmen nun die Wahrscheinlichkeit dafür, dass auch Petra dieses Zimmer zieht.

Aufgabe 4

a)

- Da der Hut ein gerader Kreiskegel ist, ist seine Schnittdarstellung ein gleichschenkliges Dreieck.
- Der Winkel α wird halbiert.
- Über den Tangens können Sie die gesuchte Höhe berechnen.

b)

- Überlegen Sie, wie der Durchmesser der Kugel durch Kegel und Zylinder geteilt wird.
- Berechnen Sie die Mantelflächen. Die Grundflächen sind nicht zu berücksichtigen, da die beiden Körper offen sind.
- Zur Begründung sollte man genau angeben, wie die beiden Mantelflächen von Zylinder und Kegel in die Fläche der Postkarte passen – am besten eine maßstäbliche Zeichnung.

c)

- Berechnen Sie die Oberfläche des Kopfes, also der Kugel.
- Der Kopf ist gelb. Können Hut und Rumpf gelb sein?
- Listen Sie in einer Tabelle die möglichen Farbkombinationen auf.

Aufgabe 5

a)

- Welche Sätze gibt es bei allgemeinen Dreiecksberechnungen?
- Fertigen Sie eine Skizze an und markieren Sie gegebene sowie gesuchte Größen.
- Wenden Sie den Kosinussatz an.

b)

- Wenden Sie den Sinussatz an.

c)

- Welche Längen begrenzen das Dach?
- Geben Sie die Modulmaße am besten auch in Meter an.
- Welche beiden Möglichkeiten für die Lage der Module gibt es?
- Berechnen Sie für beide Möglichkeiten jeweils die Anzahl der Module. Beachten Sie, dass diese nicht überstehen dürfen.

d)

- Verwenden Sie das arithmetische Mittel.
- Das arithmetische Mittel ist die Summe aller Werte geteilt durch die Anzahl der Werte.
- Entnehmen Sie der Grafik die beiden Sonnenscheindauern für den Monat Juli.
- Setzen Sie beide Werte zueinander ins Verhältnis.
- Was heißt „um wie viel Prozent … unter“?

Lösung

1. a)

	1. Topf	2. Topf	3. Topf
Inhalt	4 weiß, 2 schwarz	2 weiß, 4 schwarz	3 weiß, 3 schwarz
Wahrscheinlichkeit für „weiß“	$\frac{4}{6}=\frac{2}{3}$	$\frac{2}{6}=\frac{1}{3}$	$\frac{3}{6}=\frac{1}{2}$

50 %

$\Rightarrow$ ☒ 3. Topf

b) Anzugeben ist irgendeine Zahl, die größer als –150 ist, z. B. 25.

Allgemein ist jede positive Zahl möglich, auch die Null ist möglich. Von den negativen Zahlen ist alles bis –150 möglich.

Die negativen Zahlen werden mit zunehmenden Beträgen kleiner, so ist z. B. die Angabe von –151 falsch, da $-151 < -150$.

c) Die 1. Antwort ist falsch, da $1{,}5 = \frac{3}{2}$.

Die 3. Antwort ist falsch, da $\sqrt{2} = 1{,}41\ldots < 1{,}5$.

$\Rightarrow$ Die 2. Antwort ist richtig: ☒ $\frac{8}{5} > \frac{3}{2}$

Die Zahlen in der 2. Antwort können Sie auch als Dezimalzahlen schreiben: $1{,}6 > 1{,}5$
Oder als gleichnamige Brüche: $\frac{16}{10} > \frac{15}{10}$

d) Hier wird nach Winkeln an geschnittenen Parallelen (hier die Geraden g und h) gefragt.

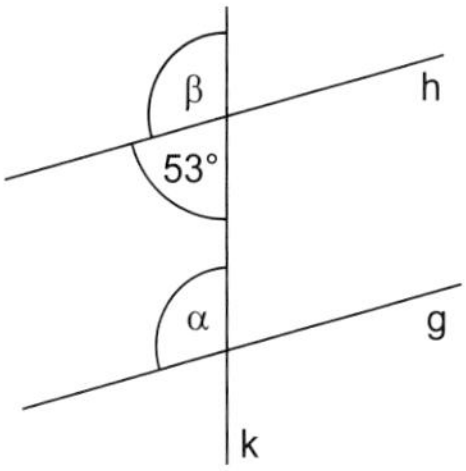

1. Da g || h, ist der Winkel β ein Stufenwinkel.
   $\Rightarrow \alpha = \beta$
2. Der Winkel β ist der Nebenwinkel von 53°.
   $\Rightarrow \beta + 53° = 180°$
   $\Rightarrow \beta = 127°$
   $\Rightarrow \alpha = 127°$

e) Zinsen für das erste Jahr:

2 % von 400 € = 8 €

f) Man ordnet die Stichprobenwerte der Größe nach:

1 °C 3 °C 5 °C **5 °C** 7 °C 8 °C 8 °C

Ist die Anzahl der Stichprobenwerte ungerade (wie in dieser Aufgabe), dann ist der genau in der Mitte stehende Wert der Median.

$\Rightarrow$ Der Median ist hier 5 °C.

g) Das Produkt zweier Zahlen mit verschiedenen Vorzeichen ist immer negativ.

h) Die Normalparabel soll um 2 LE nach rechts verschoben werden, also auch der Scheitelpunkt S(0 | 0) der gegebenen Parabel. Der neue Scheitel ist daher S'(2 | 0).

i) Allgemein gilt:

$$a^2 = b \;\Rightarrow\; a = \sqrt{b} \text{ mit } b \geq 0,\ a \geq 0$$

D. h., man kann nur aus positiven Zahlen die Wurzel ziehen. Dies ist aber in allen 3 vorgegebenen Lösungen der Fall, da der Radikand, also die Zahl unter der Wurzel, mit $(-4)^2 = 16$ positiv ist.
Die 3. Antwort, also dass $\sqrt{(-4)^2}$ nicht definiert ist, ist daher falsch
Nach obiger Definition muss auch das Ergebnis positiv sein. Dies ist bei $\sqrt{(-4)^2} = -4$ nicht der Fall. Die 1. Antwort scheidet somit aus.

$$\Rightarrow \boxed{\text{✗}}\ \sqrt{(-4)^2} = +4$$

j) In der Tonne fehlen noch:

$$\frac{1}{3} \text{ von } 600\ \ell = 200\ \ell$$

2. a) Der Graph von g kann durch eine Verschiebung um 4 LE in positive y-Richtung und 1 LE in positive x-Richtung, aus dem Graphen von f erzeugt werden.

$$g(x) = f(x-1) + 4 = 2 \cdot \sin[0{,}5\pi \cdot (x-1)] + 4$$

Weitere Lösungsmöglichkeiten, z. B.:

- Spiegelung des Graphen von f an der x-Achse, danach Verschiebung um 1 LE in negative x-Richtung und 4 LE in positive y-Richtung.

  $$g(x) = -2 \cdot \sin[0{,}5\pi \cdot (x+1)] + 4$$

- Spiegelung des Graphen von f an der y-Achse, danach Verschiebung um 3 LE in positive x-Richtung und dann um 4 LE in positive y-Richtung.

  $$g(x) = 2 \cdot \sin[-0{,}5\pi \cdot (x-3)] + 4$$

b) Von den folgenden Unterschieden muss einer genannt werden.

- Wertebereich: Funktion f: $y \in \mathbb{R},\ -2 \leq y \leq 2$
  Funktion g: $y \in \mathbb{R},\ 2 \leq y \leq 6$
- Nullstellen: Funktion f: … –2; 0; 2; 4; 6; … (alle geraden ganzen Zahlen)
  Funktion g: keine Nullstellen
- Schnitt mit der y-Achse: Funktion f: (0 | 0)
  Funktion g: (0 | 2)

Bemerkung: Man könnte z. B. aber auch verschiedene Monotonieintervalle angeben.

c)

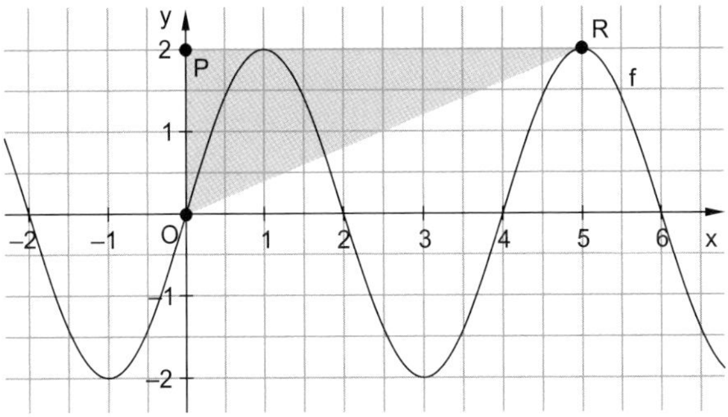

$P(0\,|\,2)$
$R(5\,|\,2)$
$O(0\,|\,0)$

Das Dreieck ORP ist rechtwinklig und der Umfang berechnet sich aus der Summe der Seitenlängen:

$$u = \overline{OP} + \overline{PR} + \overline{OR}$$

Die Längen $\overline{OP} = 2\text{ cm}$ und $\overline{PR} = 5\text{ cm}$ kann man direkt aus der Abbildung ablesen. $\overline{OR}$ ergibt sich über den Satz des Pythagoras:

$$\overline{OR} = \sqrt{5^2 + 2^2} = \sqrt{29}$$

Der Umfang ergibt sich zu:

$$\underline{\underline{u = (7 + \sqrt{29})\text{ cm} \approx 12{,}4\text{ cm}}}$$

d)

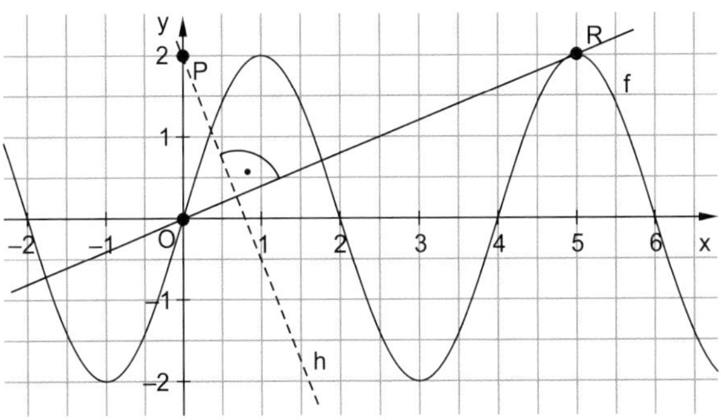

Der Graph von h geht durch den Punkt $P(0\,|\,2)$. Für den allgemeinen Ansatz einer Geradengleichung $y = mx + n$ folgt somit $n = 2$.
Der Graph von h soll zum Graphen der linearen Funktion durch O und R senkrecht verlaufen. Hieraus ergibt sich die Steigung:

$$m_{OR} = \frac{\Delta y}{\Delta x} = \frac{0-2}{0-5} = \frac{2}{5} \quad \Rightarrow \quad m_h = -\frac{1}{m_{OR}} = -\frac{5}{2}$$

Also: $\underline{\underline{h(x) = -\frac{5}{2}x + 2}}$

3. a) **Zuordnung des Graphen**

Graph II stellt das Angebot des Unternehmens „Eurobus“ dar.

Begründung: Der Graph verläuft durch den Punkt (0 | 200) auf der Achse der Fahrtkosten – dies ist die Buchungsgebühr. Bei „Travelbus“ gibt es keine Buchungsgebühr, Graph I verläuft somit durch den Punkt (0 | 0).

Auswahl eines Angebots

1. Lösungsmöglichkeit: grafisch

175 km entspricht der einfachen Entfernung zur Jugendherberge. Für die Hin- und die Rückfahrt müssen daher $2 \cdot 175\ \text{km} = 350\ \text{km}$ veranschlagt werden.

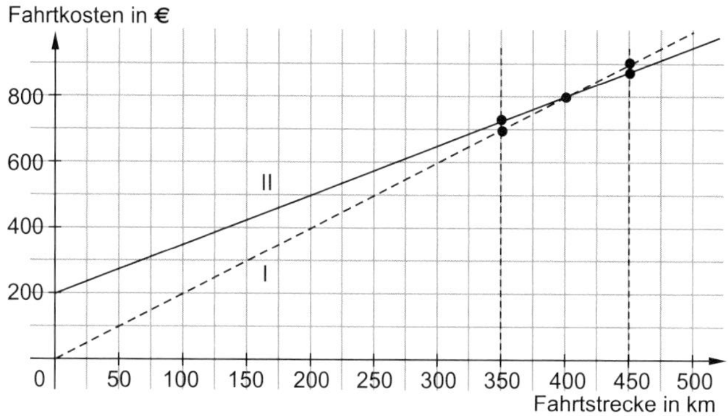

Aus den Graphen ist zu erkennen, dass der Graph I unter dem Graphen II liegt. Die beiden Graphen geben die jeweiligen Kosten an. Günstiger ist Travelbus.

2. Lösungsmöglichkeit: rechnerisch

Kosten Eurobus:

$$200\ € + 350\ \text{km} \cdot 1{,}50\ \frac{€}{\text{km}} = 725\ €$$

Kosten Travelbus:

$$350\ \text{km} \cdot 2\ \frac{€}{\text{km}} = 700\ € \ < \ 725\ € \qquad \Rightarrow \text{ Günstiger ist Travelbus.}$$

Zusätzliche 100 km

Jetzt müssen insgesamt 450 km berücksichtigt werden. Betrachtet man die gegebene Abbildung, so erkennt man, dass nun das Angebot von Eurobus günstiger ist. Der Zusammenhang soll aber auch rechnerisch gezeigt werden.

Kosten Eurobus:

$$200\ € + 450\ \text{km} \cdot 1{,}50\ \frac{€}{\text{km}} = 875\ €$$

Kosten Travelbus:

$$450\ \text{km} \cdot 2\ \frac{€}{\text{km}} = 900\ € \ > \ 875\ €$$

Nun ist Eurobus günstiger.

b) Es ist ein lineares Gleichungssystem aufzustellen und zu lösen.

1. Schritt: Welche Größen sind gesucht?

Anzahl Dreibettzimmer: x
Anzahl Fünfbettzimmer: y

2. Schritt: Gleichungen aus dem Text aufstellen

$$\begin{aligned} x + y &= 16 \quad \text{(Anzahl Zimmer)} \\ 3x + 5y &= 66 \quad \text{(Anzahl Betten)} \end{aligned}$$

3. Schritt: Lösen des Gleichungssystems, z. B. mithilfe des Additionsverfahrens

$$\begin{array}{llcl} \text{I} & x + y & = & 16 \quad \vert \cdot 3 \\ \text{II} & 3x + 5y & = & 66 \\ \hline \text{I'} & 3x + 3y & = & 48 \quad \downarrow - \\ \text{II} & 3x + 5y & = & 66 \\ \hline & -2y & = & -18 \quad \vert : (-2) \\ & y & = & 9 \end{array}$$

Aus I folgt: $x = 16 - 9 = 7$

4. Schritt: Probe am Text

$9 + 7 = 16 \quad \Rightarrow \quad 16$ Zimmer

$9 \cdot 5 = 45$

$7 \cdot 3 = 21 \quad \Rightarrow \quad 45 + 21 = 66$ Betten

5. Schritt: Antwort formulieren

Die Herberge hat 9 Fünfbett- und 7 Dreibettzimmer.

c) *1. Lösungsmöglichkeit:* Verwenden eines Baumdiagramms

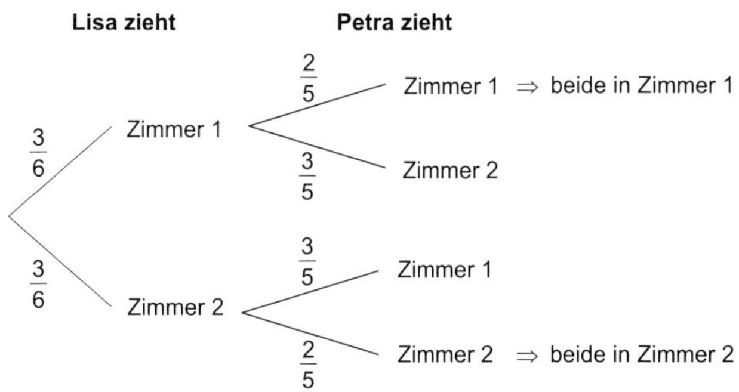

Anwenden der Pfadregel:

$$P(\text{gleiches Zimmer}) = \frac{3}{6} \cdot \frac{2}{5} + \frac{3}{6} \cdot \frac{2}{5} = \underline{\underline{\frac{2}{5}}}$$

2. Lösungsmöglichkeit:

Lisa zieht irgendeines der beiden Zimmer und es bleiben 5 Lose übrig. Petra muss einen der beiden verbliebenen Plätze in diesem Zimmer zugelost bekommen. Hierfür gibt es 2 günstige von insgesamt 5 Losen. Die Wahrscheinlichkeit, dass beide in dasselbe Zimmer kommen, ist daher $\underline{\underline{\frac{2}{5}}}$.

4. a) Der Hut bildet einen geraden Kreiskegel, die Schnittdarstellung ist daher ein gleichschenkliges Dreieck.

Da das Dreieck gleichschenklig ist, wird α halbiert, und über die Winkelbeziehung im rechtwinkligen Dreieck (grau gefärbt) ergibt sich:

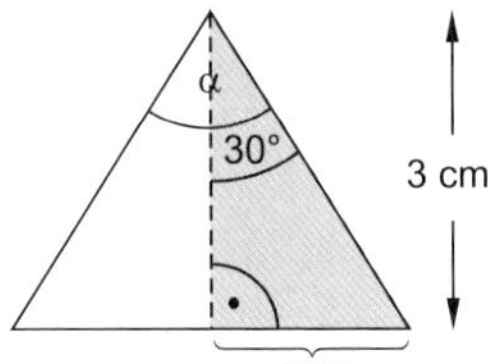

$$\tan 30° = \frac{r}{h}$$

$$\Rightarrow\ h = \frac{r}{\tan 30°} = \frac{1{,}73\text{ cm}}{\tan 30°} = 2{,}996\ldots \approx \underline{\underline{3\text{ cm}}}$$

b) Da die Kugel mit einem Viertel ihres Durchmessers im Hut verschwindet, wird der Durchmesser in vier gleich große Teile geteilt (siehe Abbildung rechts).

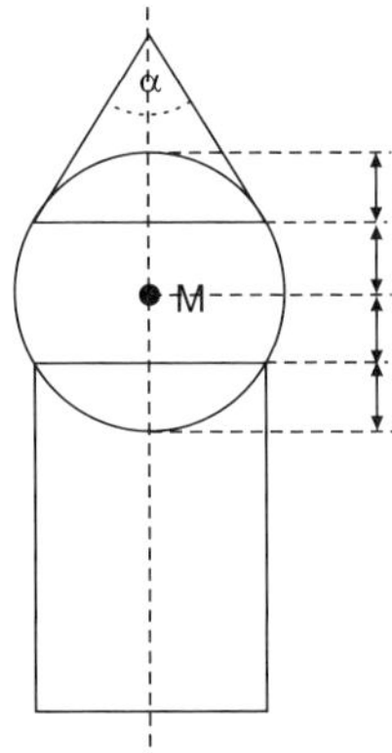

Der Kugeldurchmesser ist mit d = 4 cm gegeben:

$$\frac{1}{4}d = \frac{1}{4} \cdot 4\text{ cm} = 1\text{ cm}$$

Gesamte Höhe:

$$3\text{ cm} + 2\text{ cm} + 6\text{ cm} = \underline{\underline{11\text{ cm}}}$$

Um zu entscheiden, ob der Zeichenkarton der gegebenen Größe reicht, muss man die Mantelflächen des Kreiskegels und des Zylinders berechnen und in das vorgegebene Rechteck einpassen.

- Der Zylindermantel ist ein Rechteck mit den Seitenlängen 6 cm und dem Umfang des Grundkreises u:

  $$u = 2\pi \cdot 1{,}73$$

  $$u = 10{,}86\ldots \approx 10{,}9\text{ cm}$$

  $\Rightarrow$ Der Mantel ist ein Rechteck der Größe 10,9 cm × 6 cm.

- Der Mantel des Kreiskegels ist ein Kreissektor mit dem Radius x und dem Umfang u (gleich dem Umfang des Zylinders).

  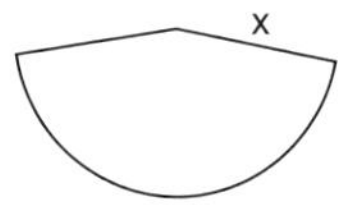

  Der Radius x entspricht der Länge der Mantellinie des Kegels. Sie lässt sich über den Satz des Pythagoras berechnen:

  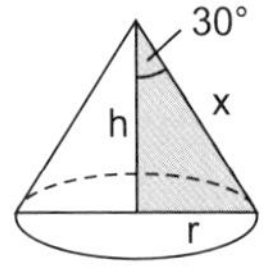

  $$x^2 = h^2 + r^2$$

  $$x^2 = 3^2 + 1{,}73^2$$

  $$x = 3{,}46\ldots \approx 3{,}5\text{ cm}$$

  $\Rightarrow$ Der Mantel ist ein Kreissektor mit maximalem Durchmesser 7 cm.

Maßstäbliche Zeichnung:

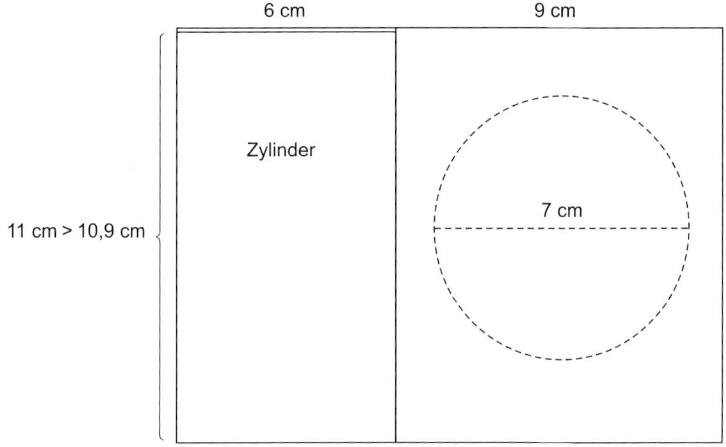

Im Teil 9 cm × 11 cm der Postkarte passt sogar ein ganzer Kreis vom Radius 3,5 cm hinein, sodass der Kreissektor erst recht hineinpasst.
Der Zeichenkarton reicht aus.

c) Die Oberfläche einer Kugel berechnet sich zu $A_O = \pi \cdot d^2$.

Da $d = 4$ cm, folgt:

$$A_O = \pi \cdot 16\ \text{cm}^2$$

$$A_O = 50{,}26\ldots\ \text{cm}^2 < 60\ \text{cm}^2$$

Die gelbe Farbe reicht für den gesamten Kopf.

Anzahl aller möglichen Farbkombinationen:
Der Kopf wird gelb. Für die beiden anderen Teile, also Hut und Rumpf, kommen noch die Farben Rot, Grün und Blau infrage. Veranschaulichen kann man sich dies z. B. mit einer Tabelle:

Hut	**Rumpf**
rot	grün blau
grün	rot blau
blau	grün rot

Es gibt 6 verschiedene Farbkombinationen.

5. a) Anfertigen einer Skizze hilft bei der Lösungsfindung (siehe rechte Abbildung).

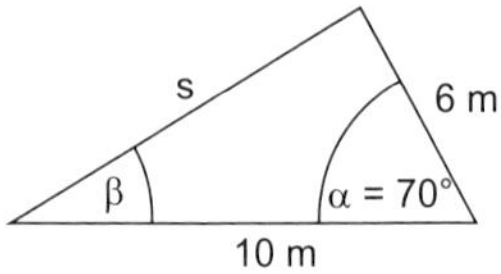

Anwendung des Kosinussatzes:

$$s^2 = (10\text{ m})^2 + (6\text{ m})^2 - 2 \cdot 10\text{ m} \cdot 6\text{ m} \cdot \cos 70°$$
$$s^2 = 94{,}957\ldots\text{ m}^2$$
$$s = 9{,}744\ldots\text{ m} \approx \underline{\underline{9{,}7\text{ m}}}$$

Die in der Aufgabe gemachte Angabe kann also bestätigt werden.

b) Mithilfe der obigen Skizze kann auch eine Lösung für den Winkel β gefunden werden.

Anwendung des Sinussatzes:

$$\frac{\sin 70°}{9{,}7\text{ m}} = \frac{\sin \beta}{6\text{ m}}$$
$$\sin \beta = \frac{6\text{ m} \cdot \sin 70°}{9{,}7\text{ m}}$$
$$\beta \approx 35{,}5°$$

Die Bedingung $30° < \beta < 40°$ wird erfüllt.

c) Es gibt 2 Möglichkeiten, die Module auszulegen. Dabei muss darauf geachtet werden, dass die Module nicht überstehen.

Die Dachfläche ist ein Rechteck der Größe $9{,}7\text{ m} \times 12\text{ m}$.

1. Möglichkeit:

$9{,}7 : 1{,}64 = 5{,}91\ldots$

$\Rightarrow$ 5 Reihen von links nach rechts

$12 : 0{,}99 = 12{,}12\ldots$

$\Rightarrow$ 12 Reihen von oben nach unten

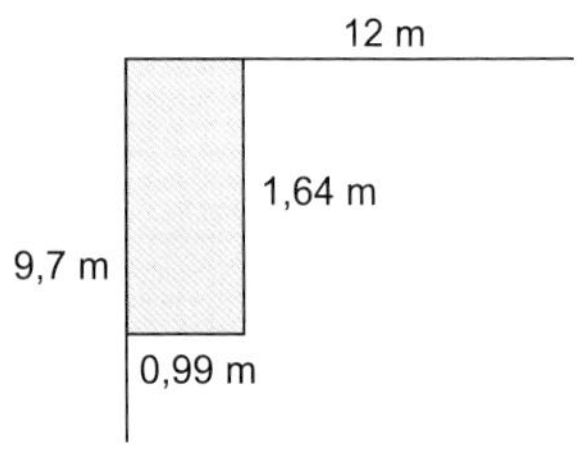

Insgesamt können $5 \cdot 12 = 60$ Module verlegt werden.

2. Möglichkeit:

$9{,}7 : 0{,}99 = 9{,}79\ldots$

$\Rightarrow$ 9 Reihen von links nach rechts

$12 : 1{,}64 = 7{,}31\ldots$

$\Rightarrow$ 7 Reihen von oben nach unten

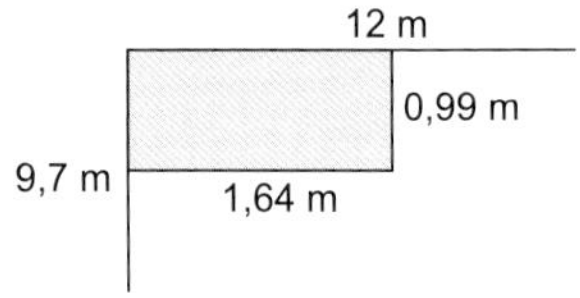

Insgesamt können $9 \cdot 7 = 63$ Module verlegt werden.

Maximal können also $\underline{\underline{63\text{ Module}}}$ angebracht werden.

d) Die Sonnenscheindauer (Ordinatenachse) ist in der Aufgabenstellung ohne Einheit angegeben, also rechnet man relativ nur mit den Zahlenwerten ohne Einheit.

Für die mittlere Sonnenscheindauer wird das arithmetische Mittel verwendet, das Zahlenmaterial entnimmt man der grafischen Darstellung.

$$\frac{65+64+70+204+278+235+100+212+146+85+97+62}{12}$$

$$=\frac{1618}{12}=134{,}83\ldots\approx\underline{\underline{135}}$$

Im Juli beträgt die astronomisch mögliche Sonnenscheindauer laut Diagramm 500, die tatsächliche Sonnenscheindauer 100.

Die tatsächliche Dauer war somit $\frac{100}{500}=\frac{1}{5}=20\ \%$ der möglichen.

Die tatsächliche Sonnenscheindauer lag daher um $100\ \%-20\ \%=80\ \%$ unter der astronomisch zu erwartenden Sonnenscheindauer.

Zentrale Prüfung 2016 in Mathematik am Ende der 10. Jahrgangsstufe – Gymnasium Brandenburg

Aufgabe 1: Basisaufgaben BE

a) Geben Sie das arithmetische Mittel (Durchschnitt) der drei Werte an:
8; 40; 60 1

b) Stellen Sie zu folgender Formulierung die passende Gleichung auf:
Das Achtfache einer Zahl vermindert um zwölf ist gleich 36. 1

c) Kreuzen Sie an, welcher der beiden Graphen monoton fallend verläuft.

☐ f

☐ g

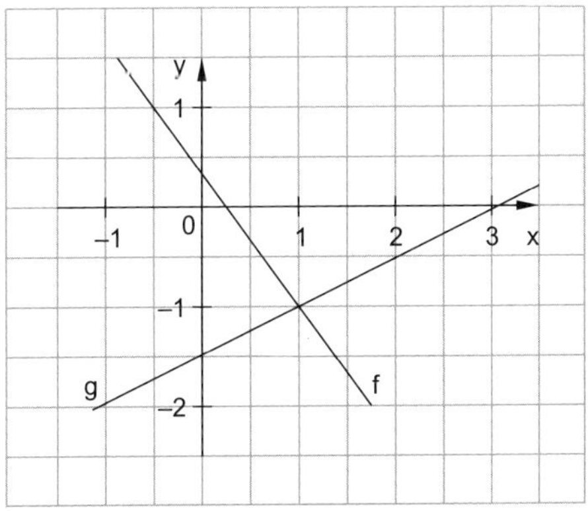

1

d) 100 g Leberwurst enthalten 30 g Fett.
Geben Sie an, wie viel Gramm Fett in 20 g Leberwurst enthalten sind. 1

e) Kreuzen Sie die richtige Ergänzung an.
In jedem Parallelogramm sind …

☐ benachbarte Winkel gleich groß.

☐ gegenüberliegende Winkel gleich groß.

☐ alle Winkel gleich groß. 1

f) In einer Kiste sind 100 Energiesparlampen. Davon sind 5 defekt. Eine Energiesparlampe wird entnommen.
Geben Sie an, mit welcher Wahrscheinlichkeit diese Energiesparlampe defekt ist. 1

g) Eine verschobene Normalparabel hat den Scheitelpunkt $S(1\,|\,3)$.
Kreuzen Sie die passende Gleichung an.

☐ $y = (x + 1)^2 + 3$ ☐ $y = (x - 1)^2 - 3$ ☐ $y = (x - 1)^2 + 3$ 1

h) Geben Sie $8{,}5 \cdot 10^5$ ohne abgetrennte Zehnerpotenz an. 1

i) Geben Sie den Wert des Terms $\frac{a+b}{c}$ an. Es gilt:

$a = 2$

$b = -4$

$c = -2$ 1

j) Das abgebildete Netz lässt sich zu einem Würfel zusammensetzen. Die graue Fläche ist die Grundfläche.

Markieren Sie die Deckfläche mit einem Kreuz.

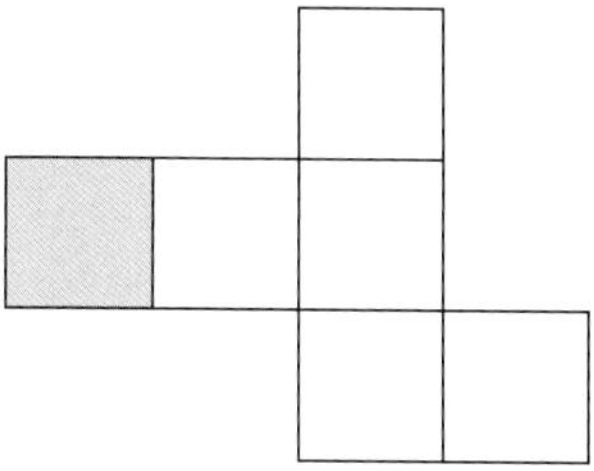

1

10

Aufgabe 2: Funktionen

Im Koordinatensystem ist der Graph f einer Exponentialfunktion mit der Gleichung $\mathbf{f(x) = c \cdot a^x}$ mit $a, c, x \in \mathbb{R}$; $a > 0$; $c \neq 0$ dargestellt.

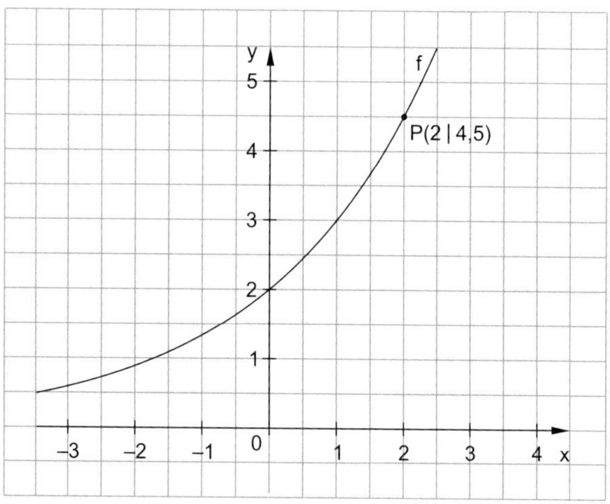

a) Ermitteln Sie die Werte für die Parameter c und a. 2

b) Prüfen Sie, ob die folgende Wertetabelle zur Funktion f gehört, und begründen Sie Ihre Entscheidung.

x	–3	–1	1
y	$\frac{1}{3}$	$\frac{4}{3}$	3

2

c) Wird der Graph f längs der y-Achse um eine Einheit nach oben verschoben, so schneidet er den Graphen g einer linearen Funktion g(x) genau auf der y-Achse. Der Anstieg dieser Geraden g ist –2.

- Zeichnen Sie die Gerade g in das Koordinatensystem.
- Geben Sie die Funktionsgleichung g(x) an. 3

d) Gegeben ist die Parabel p mit der Gleichung $p(x) = (x - 3)^2 + 2$.

- Zeichnen Sie die Parabel p in das Koordinatensystem.
- Begründen Sie, dass die Parabel p genau einen Schnittpunkt mit dem Graphen f hat. 3

e) Die Punkte P(2 | 4,5) und Q(0 | 5) bilden mit dem Koordinatenursprung ein Dreieck.
Berechnen Sie den Flächeninhalt dieses Dreiecks. 2

12

Aufgabe 3: Werkstück

Ein Stahlbaubetrieb erhält einen Großauftrag zur Anfertigung von 33 000 gleichartigen Werkstücken. Diese werden aus zylinderförmigem Rundstahl gefertigt, indem die Enden jeweils kegel- bzw. halbkugelförmig gefräst werden.

1 cm^3 Stahl hat eine Masse von 7,8 g.

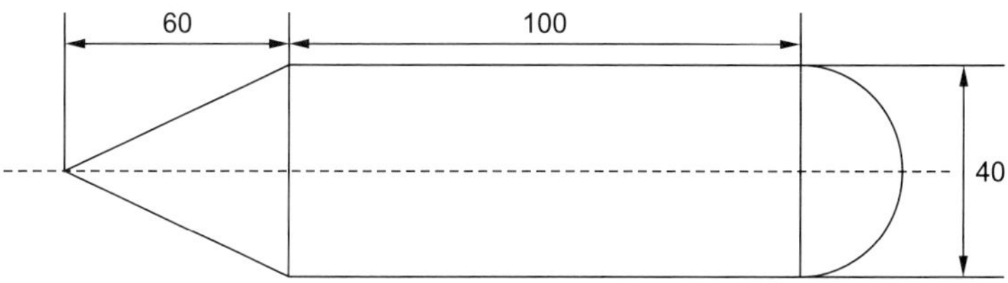

(Skizze nicht maßstabsgerecht; Maßangaben in mm)

a) Der Rundstahl wird in Strängen von je sechs Meter Länge geliefert.
Berechnen Sie die Anzahl der Rundstahlstränge, die für die Anfertigung der Werkstücke bestellt werden müssen. 3

b) Die fertigen Werkstücke sollen in Gitterboxen verpackt werden. Die Tragfähigkeit einer Gitterbox wird mit einer Tonne angegeben.
Berechnen Sie die maximale Anzahl der Werkstücke, die in jede Gitterbox gepackt werden darf. 4

c) Während des Fertigungsprozesses wird eine repräsentative Stichprobe von 10 Werkstücken entnommen. Es wurden folgende Längen in Millimetern gemessen:

181; 180; 182; 182; 181; 180; 179; 180; 179; 180

Geben Sie für diese Stichprobe die Spannweite und den Modalwert an. 2

9

Aufgabe 4: Stadtbrücke

Eine Brücke über einen Fluss verbindet die Städte A und B. Sie hat eine Länge von 252 m.

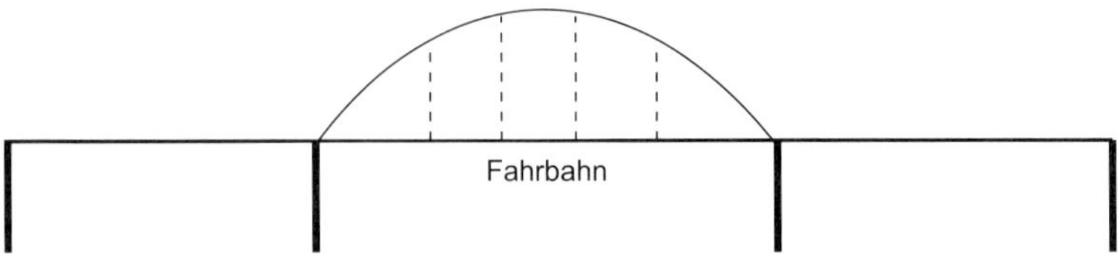

(Skizze nicht maßstabsgerecht)

a) Die 15,2 m breite Fahrbahn auf der Brücke muss erneuert werden.
Die geplanten Sanierungskosten für einen Quadratmeter liegen bei 150 €.
Berechnen Sie die Kosten für die Fahrbahnsanierung auf der Brücke. 2

b) Die Stadtgrenze von A verläuft so, dass 30 % der Brücke zur Stadt A, der Rest der Brücke bereits zur Stadt B gehören.
Berechnen Sie die Länge der Brücke, die zur Stadt B gehört. 1

c) Ein Teil der Brücke wird von einem Parabelbogen überspannt. Die Parabel p kann näherungsweise durch die Gleichung $p(x) = -0{,}0085x^2 + 12$ beschrieben werden. (Hinweis: Die x-Achse liegt auf Fahrbahnhöhe.)
Vervollständigen Sie die folgende Wertetabelle ($x \geq 0$).

x	0	10	20	
y				0

Berechnen Sie die Spannweite des Parabelbogens.
Geben Sie die maximale Höhe des Parabelbogens über der Fahrbahn an. 4

d) Die ungeöffnete Fahrbahn befindet sich 8 m über der Wasseroberfläche. Zur Durchfahrt für Schiffe kann die Brücke geöffnet werden.
Das 37,6 m lange Fahrbahnstück ist dann 30° gegenüber der Waagerechten geneigt (siehe Abbildung).
Berechnen Sie den Abstand zwischen Wasseroberfläche und dem höchsten Punkt des geneigten Fahrbahnstücks. 3

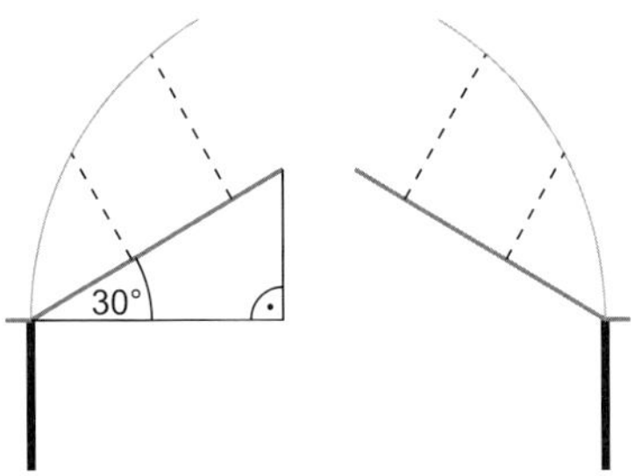

(Skizze nicht maßstabsgerecht) **10**

Aufgabe 5: Pumpspeicherwerk Goldisthal

Das Pumpspeicherkraftwerk Goldisthal liegt an der Schwarza im östlichen Thüringen und ist eines der größten und modernsten Kraftwerke seiner Art in Europa.

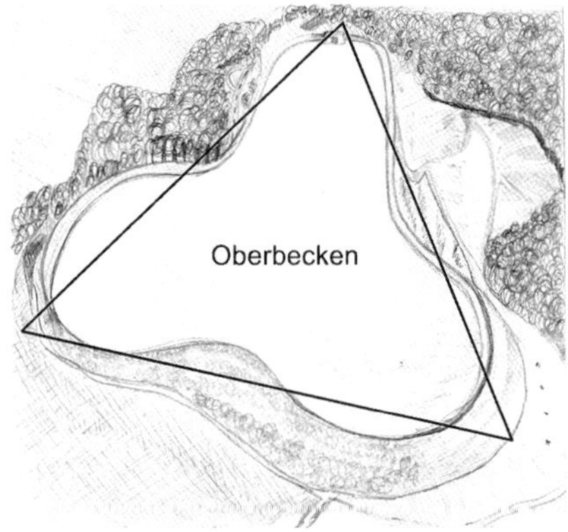

(Skizze nicht maßstabsgerecht)

a) Die Pumpspeicherleistung in Deutschland insgesamt beträgt $7 \cdot 10^3$ MW.
Die Leistungen der Pumpspeicherwerke Thüringens sind in der Tabelle aufgeführt:

Kraftwerke	**Leistung in MW**
Pumpspeicherwerk Goldisthal	1 060
Pumpspeicherwerke Hohenwarte I und II	320
Pumpspeicherwerk Bleiloch	80

Geben Sie die Summe der Leistungen der Pumpspeicherwerke Thüringens an.

Stellen Sie diesen Anteil an der gesamten Pumpspeicherleistung Deutschlands in einem Kreisdiagramm dar. 3

b) Die Form des Oberbeckens ähnelt einem gleichseitigen Dreieck (siehe Abbildung).
Zur Vereinfachung der folgenden Berechnungen wird das Oberbecken als gerades Prisma mit gleichseitigen Dreiecken als Grund- und Deckflächen betrachtet.
Die Gesamtlänge des Dammes um das Oberbecken beträgt 3 370 m.
Innerhalb von 8 Stunden schwankt der Wasserstand um 20 Meter.

Zeigen Sie durch Rechnung, dass die Wasseroberfläche bei vollem Becken (Erreichen des Dammrandes) ungefähr 55 Hektar beträgt.

Berechnen Sie, wie viel Kubikmeter Wasser bei einer solchen Schwankung abfließen. 4

c) Von Goldisthal aus kann man auf einem 12 Kilometer langen Rundweg das Oberbecken umwandern. Ein Wanderer läuft in einer Stunde fünf Kilometer.

Ermitteln Sie, wie lange er für den Rundweg benötigt. 2

9

Hinweise und Tipps

Aufgabe 2

a)

- Es sind zwei Variablen gesucht, also benötigen Sie zwei Gleichungen.
- Suchen Sie sich zwei geeignete Punkte auf dem Funktionsgraphen.
- Stellen Sie das entsprechende Gleichungssystem auf und lösen Sie es.

b)

- Setzen Sie die Zahlenpaare der Wertetabelle in die Funktionsgleichung von f ein.
- Welche Aussage können Sie treffen, wenn das Zahlenpaar die Gleichung nicht erfüllt?

c)

- Wo schneidet die um 1 LE nach oben verschobene Exponentialfunktion die y-Achse?
- Dort schneidet auch die Gerade die y-Achse.
- Zeichnen Sie nun an diesem Punkt das zugehörige Anstiegsdreieck ein.
- Die Funktionsgleichung einer Geraden ist allgemein gegeben durch $y = m \cdot x + n$.
- n ist durch den Schnittpunkt mit der y-Achse gegeben.
- m ist direkt in der Aufgabenstellung gegeben.

d)

- Überlegen Sie sich, ob die Parabel nach oben oder nach unten geöffnet ist.
- Es handelt sich um eine verschobene Normalparabel.
- Bestimmen Sie ihren Scheitelpunkt.
- Der Zeichnung ist zu entnehmen, dass es einen gemeinsamen Schnittpunkt von f und p gibt.
- Welche Funktion steigt für immer größer werdende x-Werte schneller an? Folgern Sie daraus, dass es keinen weiteren Schnittpunkt geben kann.

e)

- Zeichnen Sie die Punkte in ein Koordinatensystem. Dazu können Sie das aus der Aufgabenstellung nutzen.
- Ein allgemeines Dreieck hat den Flächeninhalt $A = \frac{1}{2} \cdot g \cdot h_g$.
- Beachten Sie, dass hier kein rechtwinkliges Dreieck vorliegt. Wählen Sie die Grundseite und die Höhe so, dass Sie die Koordinaten von P und Q nutzen können.

Aufgabe 3

a)

- Berechnen Sie die Gesamtlänge des Werkstücks.
- Bestimmen Sie dazu auch den Radius der Halbkugel.
- Beachten Sie, dass alle Maße in mm gegeben sind, die Länge des Rundstahls hingegen in m.
- Wie viele Werkstücke können aus einem Rundstahlstrang gefertigt werden? Vorsicht: Gibt es Abfall pro Strang?

b)

- Berechnen Sie zunächst das Gesamtvolumen eines Werkstücks.
- Ein Werkstück setzt sich aus einem Kegel, einem Zylinder und einer Halbkugel zusammen.
- Es gilt: $m = \rho \cdot V$, wobei ρ die Dichte des Körpers ist.

- Die Dichte ist in der Aufgabenstellung gegeben.
- Achten Sie auf die richtige Verwendung von Einheiten.

c)

- Schlagen Sie die Begriffe „Spannweite“ und „Modalwert“ im Tafelwerk nach.

Aufgabe 4

a)

- Länge und Breite der rechteckigen Fahrbahn sind gegeben.
- Berechnen Sie darüber die Kosten.

b)

- Wenn 30 % der Länge der Brücke zur Stadt A gehören, wie viele Prozent gehören dann zur Stadt B?
- Multiplizieren Sie diesen Wert mit der Länge der Brücke.

c)

- Berechnen Sie die zugehörigen y-Werte der ersten drei Wertepaare, indem Sie die gegebenen x-Werte jeweils in die Funktionsgleichung einsetzen.
- Beim letzten Wertepaar ist der y-Wert bekannt. Setzen Sie diesen Wert in die Funktionsgleichung ein und lösen Sie die Gleichung nach x auf.
- Beachten Sie die Bedingung $x \geq 0$.
- Wie liegt das Koordinatensystem?
- Die Spannweite ergibt sich über die Nullstellen der Funktion p.
- Die maximale Höhe ergibt sich über ihren Scheitelpunkt.

d)

- Fertigen Sie eine Skizze an und tragen Sie dort die gegebenen Längen ein.
- Die gesuchte Höhe setzt sich zusammen aus den 8 m Höhe der Fahrbahn über der Wasseroberfläche und der Kathete des rechtwinkligen Dreiecks.
- $\sin\alpha = \frac{\text{Gegenkathete}}{\text{Hypotenuse}}$

Aufgabe 5

a)

- Bilden Sie die Summe aus den drei Leistungen.
- Berechnen Sie den Anteil der Leistung der Werke Thüringens an der Leistung Deutschlands insgesamt.
- Berechnen Sie darüber den entsprechenden Zentriwinkel im Kreisdiagramm.

b)

- Berechnen Sie die Fläche des gleichseitigen Dreiecks. Sein Umfang ist gegeben.
- $1\ \text{ha} = 10\,000\ \text{m}^2$
- Das Volumen des Wasserabflusses ist das Volumen eines dreiseitigen Prismas.

c)

- Nutzen Sie entweder einen Dreisatz oder die Formel $v = \frac{s}{t}$.

Lösung

1. a) Das arithmetische Mittel von n Zahlen wird berechnet, indem die Summe dieser Zahlen durch die Anzahl n geteilt wird.

$$\frac{x_1 + x_2 + \ldots + x_n}{n}$$

Damit ergibt sich:

$$\frac{8+40+60}{3} = \underline{\underline{36}}$$

b) Aufstellen eines Terms:
Zunächst legt man für die Zahl, um die es geht, eine Variable fest, z. B. x.
„Das Achtfache" ist dann ein Produkt: $8 \cdot x$
„Vermindert" ist eine Subtraktion.

Damit ergibt sich folgende Gleichung:

$$\underline{\underline{8 \cdot x - 12 = 36}}$$

c) Eine Funktion heißt monoton steigend, wenn für zunehmende x-Werte die Funktionswerte (y-Werte) auch zunehmen. Wenn für zunehmende x-Werte die Funktionswerte abnehmen, dann heißt die Funktion monoton fallend.

Letzteres ist in der gegebenen Darstellung offensichtlich für den Graphen von f der Fall, sodass die erste Antwortmöglichkeit die richtige ist.

$\Rightarrow$ ☒ f

d) Es liegt eine Aufgabe zum Dreisatz vor.

Man notiert:

$$100 \text{ g Wurst} \mathrel{\hat{=}} 30 \text{ g Fett}$$

$$\frac{1}{5} \cdot 100 \text{ g Wurst} = 20 \text{ g Wurst} \mathrel{\hat{=}} \frac{1}{5} \cdot 30 \text{ g Fett} = \underline{\underline{6 \text{ g Fett}}}$$

Alternativ: als Verhältnisgleichung geschrieben

$$\frac{100 \text{ g}}{20 \text{ g}} = \frac{30 \text{ g}}{x}$$

$$x = \frac{20 \cdot 30 \text{ g}}{100}$$

$$x = 6 \text{ g}$$

e) Hier geht es um die Frage:
Was ist ein Parallelogramm und welche Eigenschaften hat es? Ein Parallelogramm ist ein Viereck, bei dem gegenüberliegende Seiten parallel liegen.
Aussage 1: ist falsch, aber ihre Summe ist 180°
Aussage 2: ist richtig (siehe Skizze)
Aussage 3: ist falsch

$\Rightarrow$ ☒ … gegenüberliegende Winkel gleich groß.

f) Die Wahrscheinlichkeit für das Auftreten eines Ereignisses E ist das Verhältnis aus der Anzahl der Möglichkeiten dafür, dass E eintritt, und der Anzahl aller möglichen Versuchsausgänge.

$$P(E) = \frac{|E|}{|\Omega|}$$

E: „Eine Lampe wird entnommen."

Da es 5 defekte Lampen gibt, ist die mögliche Anzahl für entnommene defekte Lampen gleich $|E| = 5$.

Insgesamt gibt es 100 Möglichkeiten, irgendeine Lampe zu entnehmen, also $|\Omega| = 100$.

$$P(E) = \frac{5}{100} = 0{,}05 \mathrel{\hat{=}} \underline{\underline{5\,\%}}$$

Alternativ: „auf einen Blick"
Von 100 Lampen sind 5 mögliche defekt, d. h. 5 von 100, also 5 %.

g) Bei dieser Aufgabe sind Kenntnisse zur Verschiebung der Normalparabel mit der Gleichung $y = x^2$ gefragt. Dabei spielt die Scheitelpunktform einer quadratischen Funktion eine Rolle:

$$y = (x + d)^2 + e$$

Der Scheitelpunkt hat die Koordinaten $S(-d\,|\,e)$. Bei einem Scheitelpunkt $S(1\,|\,3)$, wie in der Aufgabe gegeben, wird die Normalparabel der Gleichung $y = x^2$ um 1 LE nach links und um 3 LE nach oben verschoben. Also ergibt sich die Gleichung:

☒ $\underline{\underline{y = (x - 1)^2 + 3}}$

h) 10^5 bedeutet: 5 Kommastellen nach rechts verschieben (Multiplikation mit $10^5 = 100\,000$)

Ergebnis: $8{,}5 \cdot 10^5 = \underline{\underline{850\,000}}$

i) Die gegebenen Werte für die Variablen werden in den Term eingesetzt. Man sollte die Werte zunächst mit Klammern einsetzen.

$$\frac{a + b}{c} = \frac{2 + (-4)}{-2}$$

Es muss die Reihenfolge, in der die Rechenoperationen ausgeführt werden, beachtet werden: Zuerst den Zähler des Bruchterms berechnen und als zweiten Schritt die Division durchführen, danach evtl. kürzen.

$$\frac{2+(-4)}{-2} = \frac{2-4}{-2} = \frac{-2}{-2} = \underline{\underline{+1}}$$

j) Man muss sich die Seitenflächen des Netzes umgeklappt vorstellen, um die Deckfläche zu erkennen.

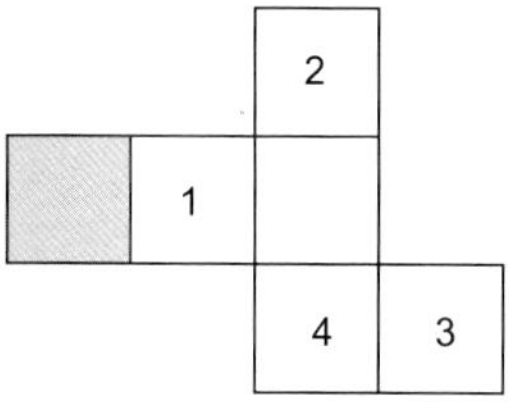

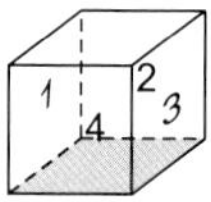

Die mit 1 bis 4 gekennzeichneten Flächen schließen an die graue Fläche unmittelbar an und bilden somit die Mantelfläche des Würfels, sodass die noch weiße Fläche die gesuchte Deckfläche ist.

Ergebnis:

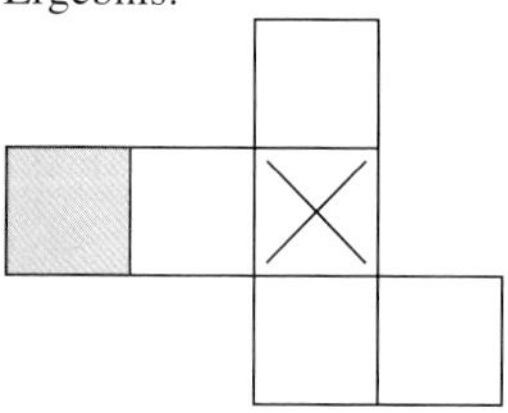

2. a) $f(x) = c \cdot a^x$ mit $a > 0$; $c \neq 0$

Für die zwei gesuchten Variablen c und a werden zwei Gleichungen benötigt.

1. Gleichung: Der Punkt $P(2\,|\,4{,}5)$ liegt auf dem Graphen, also müssen seine Koordinaten die Funktionsgleichung erfüllen.

$$y = c \cdot a^x$$
$$\Rightarrow \quad 4{,}5 = c \cdot a^2$$

2. Gleichung: Der Schnitt mit der y-Achse kann dem Graphen auf dem Arbeitsblatt entnommen werden $\Rightarrow$ $(0\,|\,2)$.

$$2 = c \cdot a^0$$

Da $a^0 = 1$ für $a > 0$, folgt: $c = 2$

Einsetzen in die 1. Gleichung liefert:

$$4{,}5 = 2 \cdot a^2$$

$$\frac{9}{4} = a^2$$

$$\frac{3}{2} = |a|$$

Die negative Lösung entfällt, da $a > 0$.

Ergebnis: $\underline{\underline{c = 2,\ a = \frac{3}{2}}}$

b) $f(x) = 2 \cdot \left(\frac{3}{2}\right)^x$

Die Zahlenpaare, die in der Wertetabelle gegeben sind, müssen in die Funktionsgleichung eingesetzt und auf Richtigkeit überprüft werden. Erfüllt eines der drei gegebenen Zahlenpaare die Funktionsgleichung nicht, so gehört die Wertetabelle nicht zur Funktion f.

1. Zahlenpaar: $x = -3,\ y = \frac{1}{3}$

$$y = 2 \cdot \left(\frac{3}{2}\right)^{-3} = 2 \cdot \left(\frac{2}{3}\right)^3 = 2 \cdot \frac{8}{27} = \frac{16}{27} \neq \frac{1}{3}$$

$\Rightarrow$ 1. Zahlenpaar erfüllt die Funktionsgleichung von f nicht.

Die beiden noch verbleibenden Paare müssen nun nicht mehr geprüft werden.

$\underline{\underline{\text{Die Wertetabelle gehört also nicht zur Funktion f.}}}$

c)

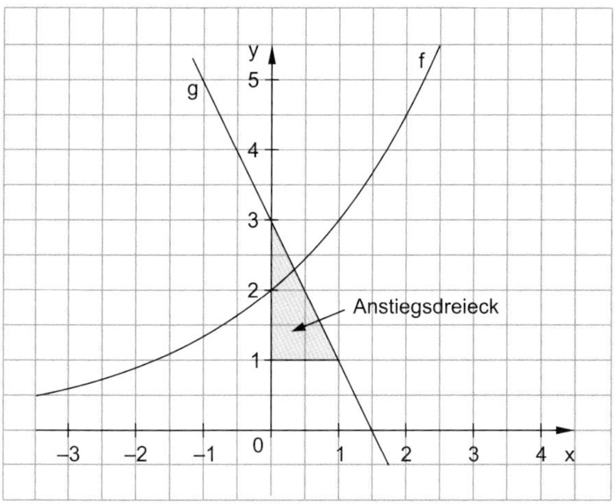

Da es sich bei g um eine lineare Funktion handelt, ist die allgemeine Gleichung $y = g(x) = m \cdot x + n$.

m ist der Anstieg und hat somit laut Aufgabenstellung den Wert –2. n gibt den Schnitt mit der y-Achse an. Dieser muss bei 3 liegen, da die Gerade laut Aufgabenstellung die um 1 LE nach oben verschobene Exponentialfunktion schneidet.

$$\underline{\underline{y = g(x) = -2x + 3}}$$

d) $p(x) = (x-3)^2 + 2$ ist eine nach oben geöffnete Normalparabel. Der Scheitelpunkt S liegt bei $S(3\,|\,2)$.

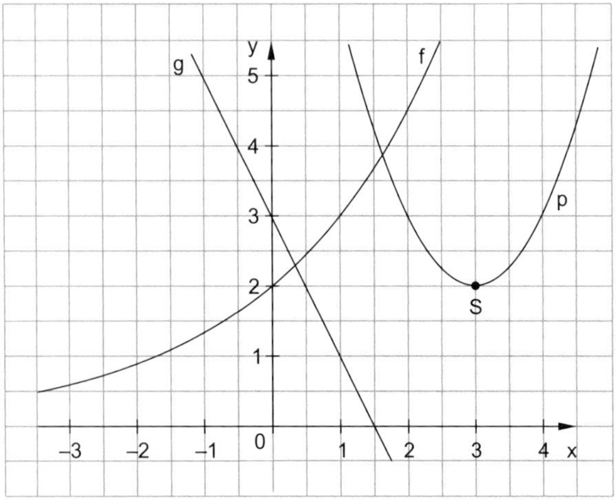

Dass die Graphen von f und p einen Schnittpunkt haben, sieht man in der Zeichnung. Eventuell wäre ein zweiter gemeinsamer Punkt rechts vom Scheitel möglich. Die beiden Graphen werden sich dort aber nicht mehr schneiden, weil der Graph von f schneller ansteigt als der Graph von p.

e)

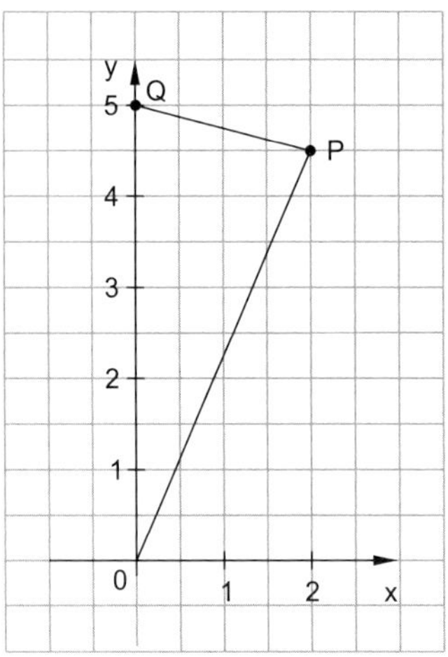

Fläche des Dreiecks:

$$A = \frac{1}{2} \cdot g \cdot h_g$$

Achtung: Das Dreieck ist nicht rechtwinklig.

Für die Grundseite wählt man $\overline{OQ} = 5$ LE. Die Höhe dazu ist der Abstand des Punktes P zur y-Achse. Dieser entspricht dem x-Wert von P.

$$h_g = 2\text{ LE}$$

$$\Rightarrow \quad A = \frac{1}{2} \cdot 5 \cdot 2\text{ FE} = \underline{\underline{5\text{ FE}}}$$

3. a) **Körperberechnung**

Man kann davon ausgehen, dass die angelieferten Rundstahlstränge denselben Durchmesser wie das Werkstück haben. Es muss die gesamte Länge des Werkstückes berechnet werden.

Höhe des Kreiskegels: 60 mm = 6 cm

Höhe des Zylinders: 100 mm = 10 cm

Höhe der Halbkugel: Der Durchmesser ist 40 mm, somit ist die Höhe $\frac{1}{2} \cdot d = 20\text{ mm} \mathrel{\hat{=}} 2\text{ cm}$.

Gesamt: 6 cm + 10 cm + 2 cm = 18 cm

Ein Rundstahlstrang ist 6 m lang:

$$6\text{ m} = 600\text{ cm}$$
$$600 : 18 \approx 33{,}33$$

Da nur ganze Werkstücke angefertigt werden können, sind aus einem Rundstahlstrang 33 Werkstücke zu erzeugen, der Rest ist dann leider Abfall.

Da 33 000 Werkstücke zu erzeugen sind, ergibt sich:

$$33\,000 : 33 = 1\,000$$

Es müssen also $\underline{\underline{\text{1 000 Rundstahlstränge}}}$ bestellt werden.

Bemerkung: Man kann nicht einfach die gesamte Länge von 33 000 Werkstücken ermitteln, um dann die Anzahl der Rundstahlstränge zu berechnen, da bei einem Strang immer ein Abfall bleibt.

b) **Berechnung der Masse eines Werkstücks**

$$V = V_{\text{Kegel}} + V_{\text{Zylinder}} + V_{\text{Halbkugel}}$$

$$V_{\text{Kegel}} = \frac{\pi}{3} \cdot r^2 \cdot h \qquad r = 20\text{ mm} = 2\text{ cm}, \quad h = 60\text{ mm} = 6\text{ cm}$$

$$= \frac{\pi}{3} \cdot 4 \cdot 6\text{ cm}^3$$

$$= 8\pi\text{ cm}^3 \approx 25{,}13\text{ cm}^3$$

$$V_{\text{Zylinder}} = \pi \cdot r^2 \cdot h \qquad r = 20\text{ mm} = 2\text{ cm}, \quad h = 100\text{ mm} = 10\text{ cm}$$

$$= \pi \cdot 4 \cdot 10\text{ cm}^3$$

$$= 40\pi\text{ cm}^3 \approx 125{,}66\text{ cm}^3$$

$$V_{Halbkugel} = \frac{1}{2} \cdot \frac{4}{3} \cdot \pi \cdot r^3 \qquad r = 20\text{ mm} = 2\text{ cm}$$

$$= \frac{2}{3} \cdot \pi \cdot r^3$$

$$= \frac{2}{3} \cdot \pi \cdot 8\text{ cm}^3$$

$$= \frac{16}{3} \pi\text{ cm}^3 \approx 16{,}76\text{ cm}^3$$

$$V = \left(8\pi + 40\pi + \frac{16}{3}\pi\right)\text{cm}^3 = \frac{160}{3}\pi\text{ cm}^3 \approx \underline{\underline{167{,}55\text{ cm}^3}}$$

Hinweis: Man kann auch die gerundeten Werte der drei Einzelvolumina benutzen; man erhält ebenfalls 167,55 cm^3.
Es empfiehlt sich, das Volumen aufzurunden auf 168 cm^3. Der dabei auftretende Rundungsfehler ist nicht groß und da es um eine Tragfähigkeit geht, ist man auf der sicheren Seite.

Berechnung der Masse:

$$m = \rho \cdot V \quad \text{mit } \rho = 7{,}8\,\frac{g}{cm^3}$$

Je nach Verwendung gerundeter Zwischenergebnisse ergeben sich Massen, die sich leicht unterscheiden.

Mit $V = 167{,}55\text{ cm}^3$ ergibt sich:

$$m = 7{,}8\,\frac{g}{cm^3} \cdot 167{,}55\text{ cm}^3$$

$$m = 1\,306{,}89\text{ g}$$

$$m \approx 1\,307\text{ g} = 1{,}307\text{ kg}$$

Da 1 t = 1 000 kg, ergibt sich:

$$1\,000 : 1{,}307 \approx 765{,}11$$

In eine Box können somit $\underline{\underline{\text{765 Werkstücke.}}}$

c) Umfang u einer Stichprobe: Die Anzahl der einer Menge entnommenen Elemente nach dem Zufallsprinzip

Die geforderten Streuungsmaße:
Spannweite: Differenz aus größtem oder kleinstem Messwert
Modalwert: Der Wert, der am häufigsten gemessen wird

Umfang:
$u = 10$

Spannweite:
$182\text{ mm} - 179\text{ mm} = 3\text{ mm}$

Modalwert:

Länge in mm	Anzahl
179	2
180	4
181	2
182	2

Man erkennt, dass die Länge 180 mm am häufigsten gemessen wurde, also ist der Modalwert 180 mm.

4. a) Es ist die Fläche A der Fahrbahn mit 252 m Länge $\times$ 15,2 m Breite zu ermitteln:

$$A = 252 \cdot 15,2\ m^2 = 3\,830,4\ m^2$$

Pro m^2 muss mit 150 € gerechnet werden, also ergibt sich für die Kosten K:

$$K = 3\,830,4 \cdot 150\ € = \underline{\underline{574\,560\ €}}$$

b)

Zur Stadt B gehören 70 % der Länge, also:

$$252\ m \cdot 0,7 = \underline{\underline{176,4\ m}}$$

c) $p(x) = -0,0085x^2 + 12$

Wertetabelle:

x	0	10	20	37,6
y	12	11,2	8,6	0

$$y_1 = 0 + 12 = 12$$
$$y_2 = -0,0085 \cdot 10^2 + 12 = 11,2$$
$$y_3 = -0,0085 \cdot 20^2 + 12 = 8,6$$

Für das letzte Wertepaar muss folgende Gleichung gelöst werden:

$$0 = -0,0085x^2 + 12 \quad |-12$$
$$-12 = -0,0085 \cdot x^2 \quad |:(-0,0085)$$
$$1\,411,76 \approx x^2$$
$$37,57 \approx x \quad |\sqrt{\ }$$
$$x \approx 37,6 \quad \text{(negative Lösung entfällt wegen } x \geq 0)$$

Spannweite und maximale Höhe des Parabelbogens:
An einer Skizze werden die gesuchten Größen dargestellt, dazu muss ein Koordinatensystem festgelegt werden.

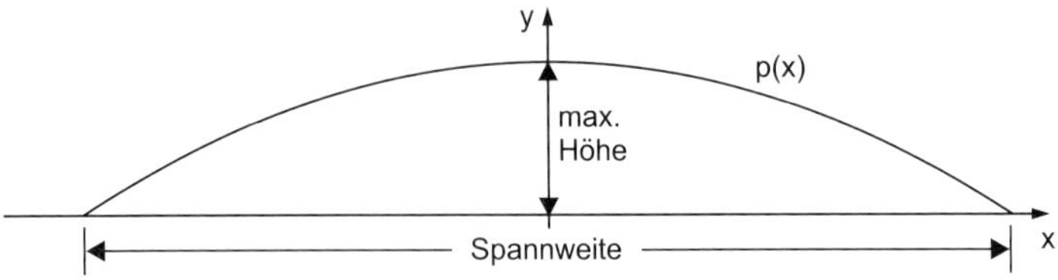

Die x-Achse wird auf der Fahrbahnhöhe festgelegt (nach Aufgabenstellung), die y-Achse verläuft entlang der Symmetrieachse.

Dazu passt die gegebene Gleichung für p(x):

$$p(x) = -0{,}0085x^2 + 12$$

Diese Parabel geht aus der Normalparabel mit der Gleichung $y = x^2$ hervor durch:

- Stauchung
- Spiegelung an der x-Achse
- Verschiebung in y-Richtung

Die Spannweite gibt an, welche Strecke die Parabel die Fahrbahn überspannt. Dies ist, wie der Skizze zu entnehmen, der Abstand zwischen den Nullstellen von p(x).
Die maximale Höhe ist der y-Wert des Scheitelpunkts. Dieser hat im Koordinatensystem die Koordinaten $S(0\,|\,12)$. Also ist die maximale Höhe 12 m.

Berechnung der Nullstellen:

$$-0{,}0085x^2 + 12 = 0$$

Diese Gleichung wurde bereits bei der Berechnung des letzten Wertepaares gelöst.

$$\Rightarrow \quad x_1 \approx -37{,}6 \text{ m} \quad \text{und} \quad x_2 \approx +37{,}6 \text{ m}$$

Für die Spannweite folgt:

$$2 \cdot 37{,}6 \text{ m} = 75{,}2 \text{ m}$$

d) Lösungsplan:

1. Strecke x berechnen (Winkel im rechtwinkligen Dreieck)
2. höchster Punkt P hat eine Höhe von $h = 8 \text{ m} + x$

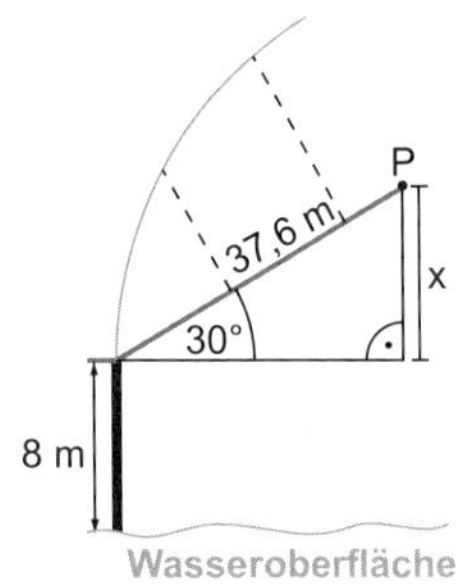

Winkelbeziehungen im rechtwinkligen Dreieck:

$$\sin 30° = \frac{x}{37{,}6 \text{ m}}$$

Umformen der Gleichung:

$$x = 37{,}6 \text{ m} \cdot \sin 30°$$
$$x = 18{,}8 \text{ m}$$

Die maximale Höhe des Punktes P über der Wasseroberfläche ist dann 26,8 m.

5. a) Die Summe der Leistungen der Pumpspeicherwerke wird gebildet, bei der Angabe des Ergebnisses sollte man nicht die Einheit vergessen.

$$1\,060 \text{ MW} + 320 \text{ MW} + 80 \text{ MW} = 1\,460 \text{ MW}$$

Für die Darstellung im Kreisdiagramm muss der entsprechende Zentriwinkel berechnet werden.

Leistung insgesamt in Deutschland: $7 \cdot 10^3\ \text{MW} = 7\,000 \cdot \text{MW} \mathrel{\hat{=}} 100\ \%$

Leistung der Werke Thüringens: $1\,460\ \text{MW} \mathrel{\hat{=}} z$

Anteilsberechnung: $\frac{1\,460}{7\,000} \cdot 100\ \% \approx 20{,}86\ \%$

Alternativ: Verhältnisgleichung aufstellen und lösen

$$\frac{7\,000}{100\ \%} = \frac{1\,460}{z}$$

$$z = \frac{1\,460 \cdot 100\ \%}{7\,000} \approx 20{,}86\ \%$$

Kreisdiagramm:

Gesamtleistung $100\ \% \mathrel{\hat{=}} 360°$

Anteil $20{,}86\ \% \mathrel{\hat{=}} \alpha$

$$\frac{100\ \%}{360°} = \frac{20{,}86\ \%}{\alpha}$$

$$\underline{\underline{\alpha \approx 75{,}1°}}$$

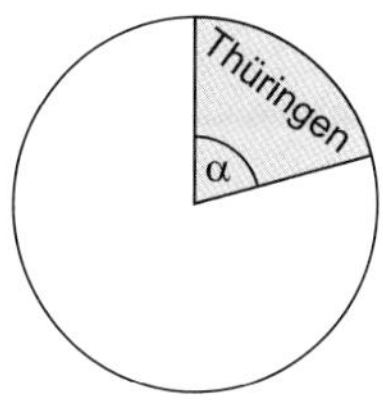

b) Das Oberbecken wird in der Skizze vereinfacht als Modell eines gleichseitigen Dreiecks betrachtet.

Der Umfang dieses Dreiecks der Seitenlänge a ist die Gesamtlänge des Dammes von 3 370 m.

$$a = \frac{1}{3} \cdot 3\,370\ \text{m} \approx 1\,123{,}3\ \text{m}$$

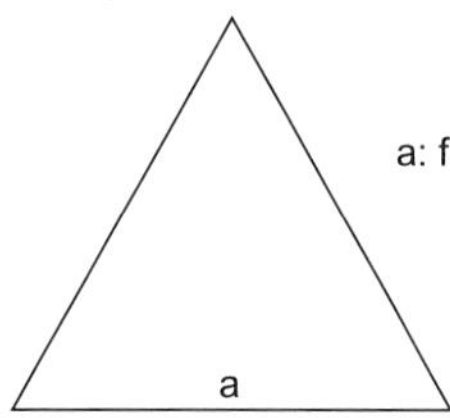

a: festgelegt als Seitenlänge

Die Wasseroberfläche ist dann die Fläche dieses gleichseitigen Dreiecks.

Pythagoras:

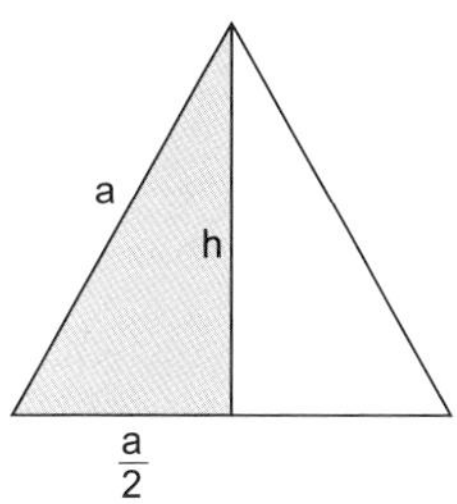

$$a^2 = h^2 + \left(\frac{a}{2}\right)^2$$

$$a^2 = h^2 + \frac{a^2}{4}$$

$$h^2 = a^2 - \frac{a^2}{4}$$

$$h^2 = \frac{3}{4}a^2 \quad \Rightarrow \quad h = \frac{\sqrt{3}}{2}a$$

Fläche des Dreiecks:

$$A = \frac{1}{2} \cdot a \cdot h = \frac{1}{2} \cdot a \cdot \frac{\sqrt{3}}{2} a = \frac{\sqrt{3}}{4} a^2$$

Einsetzen von a:

$$A = \frac{\sqrt{3}}{4} \cdot 1123{,}3^2 \text{ m}^2$$

$$A \approx 546\,000 \text{ m}^2$$

Umrechnen: 1 ha ist die Fläche eines Quadrates der Seitenlänge 100 m
$\Rightarrow$ 1 ha = 10 000 m²

$$546\,000 \text{ m}^2 = 54{,}6 \text{ ha} \approx \underline{\underline{55 \text{ ha}}}$$

Berechnungen des Wasserabflusses:
In 8 h nimmt der Wasserstand um 20 m ab; es handelt sich dabei geometrisch um das Volumen eines dreiseitigen Prismas.

$$V = A \cdot h \qquad A \approx 546\,000 \text{ m}^2, \;\; h = 20 \text{ m}$$

$$V \approx 546\,000 \text{ m}^2 \cdot 20 \text{ m}$$

$$V = 10\,920\,000 \text{ m}^3$$

Es fließen bei einer solchen Schwenkung also etwa $\underline{\underline{10\,920\,000 \text{ m}^3}}$ Wasser ab.

c) Dreisatz:

$$5 \text{ km} \;\hat{=}\; 1 \text{ h}$$

$$1 \text{ km} \;\hat{=}\; \frac{1}{5} \text{ h} = 12 \text{ min}$$

$$12 \text{ km} \;\hat{=}\; \frac{1}{5} \text{ h} \cdot 12 = \frac{12}{5} \text{ h} = \underline{\underline{2{,}4 \text{ h}}}$$

Also werden 2,4 h benötigt. Dies sind 2 h 24 min.

Alternativ: aus $v = \frac{s}{t}$ folgt $t = \frac{s}{v}$

$$t = \frac{12 \text{ km}}{5 \frac{\text{km}}{\text{h}}} = \frac{12}{5} \text{ h}$$

Zentrale Prüfung 2017 in Mathematik
am Ende der 10. Jahrgangsstufe – Gymnasium Brandenburg

Aufgabe 1: Basisaufgaben BE

a) Schraffieren Sie $\frac{6}{7}$ des Rechtecks.

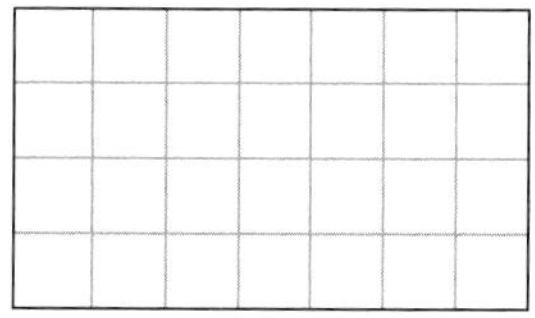

1

b) Eine Bohrmaschine kostet 120,00 €. An der Kasse erhält man 20 % Rabatt.
Geben Sie den Rabatt in Euro an. 1

c) Die Abbildung zeigt ein Schrägbild eines Körpers.
Kreuzen Sie an, welcher Körper abgebildet ist.

☐ Pyramide

☐ Prisma

☐ Quader

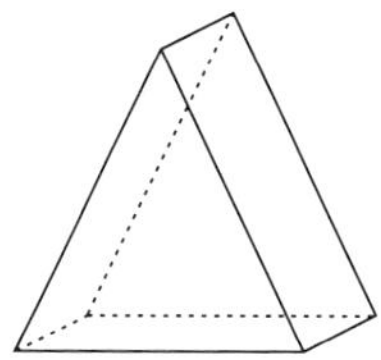

1

d) Kreuzen Sie an, welche der folgenden Gleichungen für dieses Dreieck gilt?

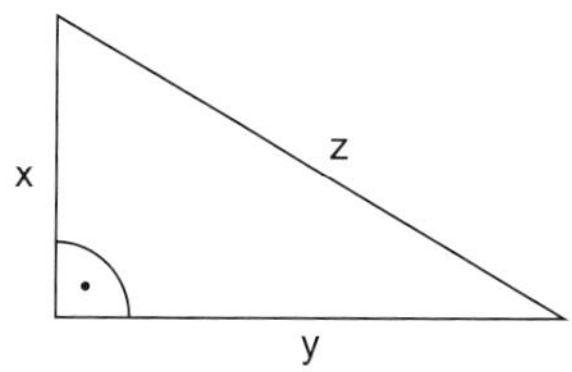

☐ $x^2 = y^2 + z^2$ ☐ $z^2 = x^2 - y^2$ ☐ $z^2 \cdot y^2 = x^2$ ☐ $z^2 = x^2 + y^2$ 1

e) Kreuzen Sie die kleinste Zahl an.

☐ $-0{,}01$ ☐ -10^3 ☐ -10^2 ☐ $-0{,}1$ 1

f) Eine Münze wird zweimal nacheinander geworfen.
Es wird unterschieden, ob Zahl (Z) oder Wappen (W) oben liegt.
Geben Sie die Anzahl der möglichen Ergebnisse an. 1

g) Schreiben Sie die Zahl 100 000 als Zehnerpotenz. 1

h) Geben Sie den Durchschnitt (arithmetisches Mittel) an.

1,8 m 1,7 m 1,6 m 1,7 m 1

i) Das Dreifache einer Zahl wird um fünf vermindert.
Kreuzen Sie den dazu passenden Term an.

☐ $3(x-5)$ ☐ $5-3x$ ☐ $3x-5$ ☐ $3x-5x$ 1

j) Geben Sie für das abgebildete Dreieck die Gleichung für $\sin\beta$ an.

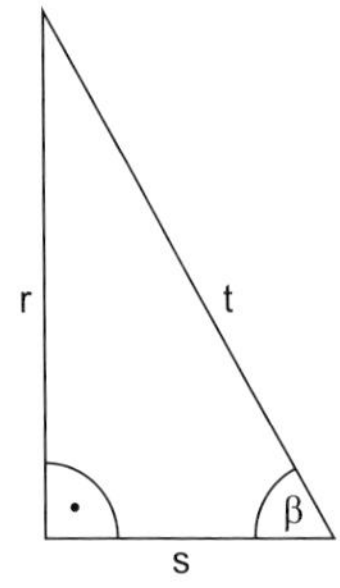

$\frac{1}{\mathbf{10}}$

Aufgabe 2: Quadratische Funktionen

Gegeben sind die Funktionen f und h durch die Gleichungen:

$f(x) = (x-3)^2 + 1{,}5;\ x \in \mathbb{R}$ und $h(x) = \frac{1}{2}x^2 + bx + c;\ \ b, c, x \in \mathbb{R}$

Der Graph der Funktion h ist im Koordinatensystem dargestellt.

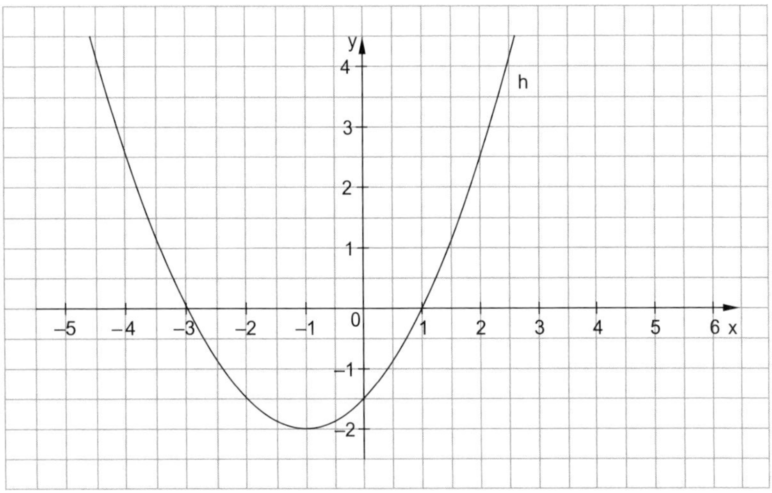

a) Zeichnen Sie die Parabel f in das oben vorgegebene Koordinatensystem.
Zeigen Sie rechnerisch, dass die Parabel f keine Nullstellen besitzt.
Geben Sie den Schnittpunkt der Parabel f mit der y-Achse an. 4

b) Die Parabel f wird zwei Einheiten in positive x-Richtung und drei Einheiten in negative y-Richtung verschoben.

Geben Sie die Funktionsgleichung der verschobenen Parabel in Normalform an. 2

c) Berechnen Sie die Parameter b und c der Parabel h mit $h(x) = \frac{1}{2}x^2 + bx + c$. 3

d) Die Parabeln f und h schneiden sich im Punkt $P(2\,|\,2{,}5)$.

Berechnen Sie den Abstand des Punktes P vom Koordinatenursprung. 2

11

Aufgabe 3: Spielplatz

In einem Kindergarten soll ein neuer Spielplatz angelegt werden. Dafür steht ein rechteckiges Grundstück von 30 m Länge und 15 m Breite zur Verfügung.
Eine Fläche in Form eines Drachenvierecks soll mit hellem Sand einen halben Meter dick aufgefüllt werden. Auf den Restflächen wird Rasen angesät.

Folgende Planskizze steht zur Verfügung:

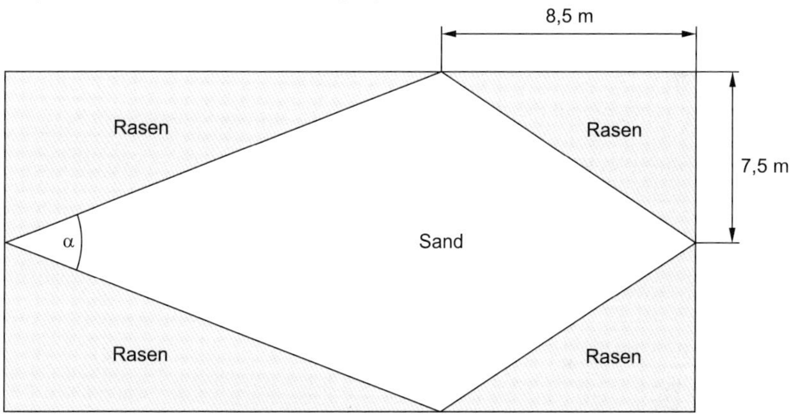

(Skizze nicht maßstabsgerecht)

a) Fertigen Sie eine Zeichnung im Maßstab 1 : 250 an. 2

b) Sand- und Rasenflächen sollen durch Bordsteine voneinander getrennt werden. Jeder Bordstein hat eine Länge von 1 m.

Berechnen Sie, wie viele Bordsteine benötigt werden, wenn die beim Zuschnitt anfallenden Reststücke nicht weiterverwendet werden. 3

c) Bestimmen Sie den prozentualen Anteil der Rasenfläche am gesamten Spielplatz.

Berechnen Sie, wie viel Kubikmeter heller Sand benötigt werden. 3

d) Ermitteln Sie rechnerisch die Größe des Winkels α. 2

10

Aufgabe 4: Milchwerk

In einem Milchwerk wird Frischmilch zu leckeren Produkten verarbeitet. Dafür wird täglich von Tankfahrzeugen Milch angeliefert und in hohe zylinderförmige Speicher gepumpt.

a) Ein Milchwerk besitzt drei baugleiche zylinderförmige Speicher mit einer Gesamtkapazität von 600 000 Litern. Jeder Speicher hat einen Durchmesser von vier Metern.

Berechnen Sie die Höhe eines Speichers. 3

b) Täglich werden 170 000 Liter Milch angeliefert und verarbeitet. In einem Tankfahrzeug werden 25 000 Liter Milch transportiert.

Berechnen Sie, wie oft ein Tankfahrzeug fahren muss, um diese Menge anzuliefern. 2

c) Magerquarkbecher haben die Form eines Quaders mit quadratischer Grundfläche. Der 500-Gramm-Becher war bisher 5 cm hoch mit Magerquark gefüllt. Durch den Einsatz neuer Maschinen sollen zukünftig Becher gleicher Form aber mit veränderter Grundkantenlänge produziert werden. Dadurch wird der neue Becher um 3 cm höher mit Magerquark gefüllt sein.

(*Hinweis:* 100 g Magerquark haben ein Volumen von 100 cm^3.)

Berechnen Sie die Grundkantenlänge des neuen Bechers.

Der neue Becher ist zu 93 % gefüllt, wenn sich darin 500 g Magerquark befinden.

Berechnen Sie die Höhe des neuen Bechers. 4

9

Aufgabe 5: Studentenwohnung

Stefan möchte sich an seinem zukünftigen Studienort für sechs Jahre eine Wohnung mieten.

a) Beim Abschluss des Mietvertrages wird eine jährliche Mietsteigerung von 1,1 % vereinbart. Die Anfangsmiete beträgt monatlich 310 Euro.

Zeigen Sie rechnerisch, dass die monatliche Miete im letzten Mietjahr 327,43 € beträgt. 2

b) Die Stromkosten sind in der Miete nicht enthalten. Deshalb sucht Stefan nach einem günstigen Anbieter. Er rechnet mit einem jährlichen Verbrauch von 1 000 kWh.

Die folgenden zwei Angebote hat er favorisiert:

Stromkosten	**Anbieter 1**	**Anbieter 2**
Arbeitspreis Netto	25,47 ct/kWh	24,02 ct/kWh
Grundpreis Netto	57 Euro/Jahr	81 Euro/Jahr
Stromsteuer	0,015 Euro je kWh	0,015 Euro je kWh
Umsatzsteuer	19 % auf alle Beträge	19 % auf alle Beträge

Prüfen Sie, welches der beiden Angebote für Stefan günstiger ist. 2

c) Zur Wohnungsübergabe erscheint der Hausmeister mit einem Schlüsselbund, an dem sich sieben Schlüssel befinden. Nacheinander probiert er diese an der Tür aus, um den passenden Schlüssel zu finden.

Berechnen Sie die Wahrscheinlichkeit dafür, dass der zweite Schlüssel passt.

Vergleichen Sie die Wahrscheinlichkeiten dafür, dass sofort der erste Schlüssel oder erst der letzte Schlüssel passt. 4

d) Den Einzug möchte Stefan mit Freunden feiern und einen kleinen Imbiss vorbereiten.
Er kauft helle und dunkle Brötchen, zwei verschiedene Käse- und vier verschiedene Wurstsorten zum Belegen der Brötchen ein.
Jedes Brötchen soll mit einer Käse- oder einer Wurstsorte belegt werden.
Zusätzlich soll auf jedem Brötchen eine Gurken- oder Tomatenscheibe liegen.

Ermitteln Sie, wie viele verschiedene belegte Brötchen möglich sind. 2

10

Hinweise und Tipps

Aufgabe 2

a)

- Überlegen Sie, ob die Parabel nach oben oder unten geöffnet ist.
- Es handelt sich um eine verschobene Normalparabel.
- Bestimmen Sie den Scheitelpunkt.
- Die Nullstelle einer Funktion hat die y-Koordinate 0.
- Der Schnittpunkt mit der y-Achse hat die x-Koordinate 0.

b)

- Ermitteln Sie den Scheitelpunkt der verschobenen Parabel.
- Stellen Sie die Scheitelpunktform auf und wandeln Sie diese in die Normalform um.

c)

1. Möglichkeit:

- Bestimmen Sie die Koordinaten zweier Punkte des Graphen der Funktion h aus der Abbildung und setzen Sie diese Koordinaten in die Funktion h(x) ein.
- Es ergeben sich zwei Gleichungen für die beiden Parameter b und c.
- Lösen Sie das Gleichungssystem.

2. Möglichkeit:

- Wandeln Sie die allgemeine Normalform in die Scheitelpunktform um.
- Ermitteln Sie die Koordinaten des Scheitelpunkts.
- Entnehmen Sie die Koordinaten des Scheitelpunkts der Parabel h aus der Abbildung.
- Bestimmen Sie die Parameterwerte durch Vergleich der Koordinaten des Scheitelpunkts aus der Abbildung mit den zuvor „berechneten" Koordinaten.

d)

- Zeichnen Sie den Punkt P in das Koordinatensystem ein.
- Benutzen Sie als Hilfe für die Berechnung des Abstands ein rechtwinkliges Dreieck.
- Wenden Sie den Satz des Pythagoras an.

Aufgabe 3

a)

- Maßstab 1: 250 bedeutet, dass 1 cm in der Zeichnung 250 cm im Original entspricht.

b)

- Betrachten Sie die Skizze und entscheiden Sie, welche Streckenlängen berechnet werden müssen.
- Überlegen Sie, welche Seiten gleich lang sind.
- Mit dem Satz des Pythagoras können die gesuchten Seitenlängen in geeigneten Dreiecken berechnet werden.
- Beachten Sie, wie sich die Aussage über anfallende Reststücke auf evtl. Dezimalstellen und Rundungen auswirkt.

c)

- Berechnen Sie zunächst den Flächeninhalt des gesamten Spielplatzes.
- Ermitteln Sie dann die Gesamtfläche an Rasen.
- Bilden Sie den Quotienten aus beiden Flächeninhalten und schließen Sie dann auf den gesuchten prozentualen Anteil.
- Die Fläche, die mit Sand aufgefüllt werden soll, ist genauso groß wie die gesamte Rasenfläche. Die Füllhöhe des Sandes entnimmt man der Aufgabenstellung.

d)

- Man kann den Winkel α über die trigonometrischen Funktionen im rechtwinkligen Dreieck berechnen.

Aufgabe 4

a)

- Beachten Sie die Anzahl der Speicher.
- Die Höhe erhält man über die Volumenformel eines Kreiszylinders.

c)

- Sie kennen das Volumen und die Höhe des neuen Bechers. Außerdem wissen Sie, dass er eine quadratische Grundfläche besitzt. Mithilfe dieser Angaben lässt sich die Grundkantenlänge berechnen.
- x sei die Höhe des neuen Bechers und entspricht 100 %.
- Lösen Sie die Aufgabe mit dem Dreisatz.

Aufgabe 5

a)

1. Möglichkeit:

- Man verwendet die Zinseszinsformel aus der Formelsammlung.
- Beachten Sie, dass dabei die Zählung (Laufzeit) bei $n = 0$ beginnt.

2. Möglichkeit:

- Man berechnet für jedes Jahr gesondert die Miete.

b)

- Da die Steuern für beide Anbieter gleich sind, muss man diese beim Vergleich nicht berücksichtigen.
- Der Preis setzt sich aus dem Grundpreis und dem Verbrauch (Arbeitspreis pro kWh) zusammen.

c)

- Nur einer der sieben Schlüssel ist der passende.
- Es handelt sich um ein Ziehen ohne Zurücklegen, da der Hausmeister jeden Schlüssel nur einmal testet.
- Erstellen Sie ein zweistufiges Baumdiagramm.
- Berechnen Sie mithilfe der Pfadregeln die gesuchten Wahrscheinlichkeiten.

d)

- Erstellen Sie zunächst eine Übersicht, wie viele Beläge und Brotsorten es gibt.

Lösung

1. a) Das Rechteck besteht aus 28 Kästchen.

$\frac{6}{7} \cdot 28 = 24$

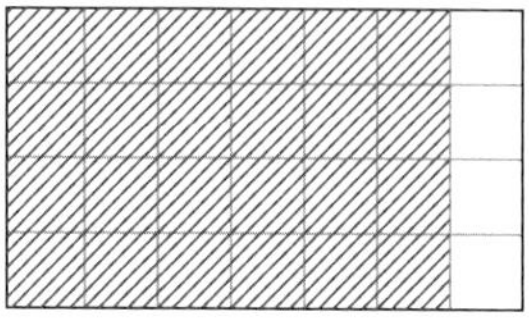

b) $20\,\% = 0{,}2 = \frac{1}{5}$

$\frac{1}{5} \cdot 120{,}0\,€ = 24\,€$

Der Rabatt beträgt $\underline{\underline{24{,}00\,€}}$.

c) Der Körper besitzt ein Dreieck als Grundfläche und ein senkrecht dazu parallel verschobenes Dreieck als Deckfläche.

⇒ ☒ <u>Prisma</u>

d) Im rechtwinkligen Dreieck gilt der Satz des Pythagoras.

⇒ ☒ $\underline{\underline{z^2 = x^2 + y^2}}$

e) Da $-10^3 = -1\,000$ und $-10^2 = -100$, liegt -10^3 am weitesten links auf dem Zahlenstrahl und ist somit die kleinste Zahl.

⇒ ☒ $\underline{\underline{-10^3}}$

f) Es gibt folgende Möglichkeiten: ZZ; WW; ZW; WZ

Es gibt $\underline{\underline{4}}$ mögliche Ergebnisse.

g) $100\,000 = \underline{\underline{10^5}}$

h) Das arithmetische Mittel von n Zahlen wird berechnet, indem die Summe dieser Zahlen durch die Anzahl n geteilt wird.

$\frac{x_1 + x_2 + \ldots + x_n}{n}$

$\frac{1{,}8 + 1{,}7 + 1{,}6 + 1{,}7}{4}\text{ m} = \frac{6{,}8}{4}\text{ m} = \underline{\underline{1{,}7\text{ m}}}$

i) Aufstellen eines Terms:
Zunächst legt man für die Zahl, um die es geht, eine Variable fest, z. B. x.
„Das Dreifache" ist dann das Produkt: 3x
„Um fünf vermindert" liefert die Differenz:

$\Rightarrow$ ☒ $\underline{\underline{3x - 5}}$

j) Das Dreieck ist rechtwinklig. Deshalb gilt:

$$\sin\beta = \frac{\text{Gegenkathete}}{\text{Hypotenuse}}$$

$$\Rightarrow \underline{\underline{\sin\beta = \frac{r}{t}}}$$

2. a) Der Graph der Funktion f ist eine nach oben geöffnete Normalparabel. Ihr Scheitelpunkt liegt bei S(3 | 1,5).

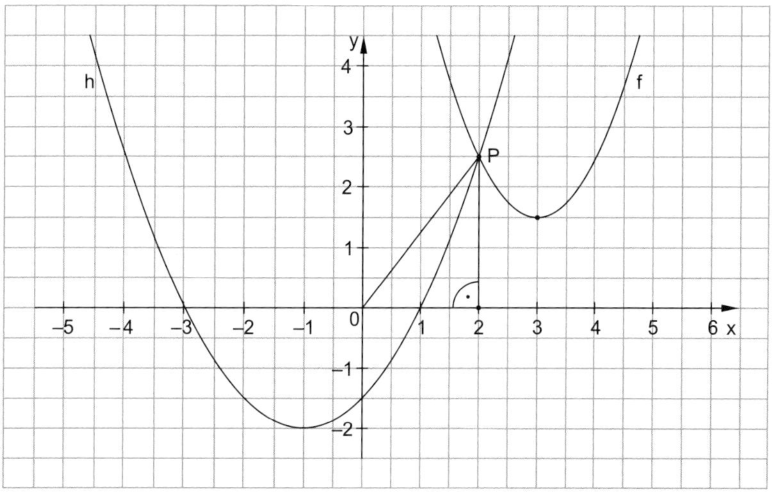

Für mögliche Nullstellen muss gelten: $f(x_0) = 0$

$$0 = (x_0 - 3)^2 + 1{,}5 \quad |-1{,}5$$
$$-1{,}5 = (x_0 - 3)^2$$

Aufgrund des Quadrats kann die rechte Seite für kein x aus dem Definitionsbereich negativ werden. Die Gleichung hat keine Lösung und daher die Funktion keine Nullstelle.

Allgemein gilt für einen Schnittpunkt mit der y-Achse: $S_y(0 | y)$

$$f(0) = (0 - 3)^2 + 1{,}5 = 10{,}5$$
$$\Rightarrow \underline{\underline{S_y(0 | 10{,}5)}}$$

b) Zunächst ermittelt man den Scheitelpunkt der verschobenen Parabel.
„Zwei Einheiten in positive x-Richtung“:
$3+2=5 \mathrel{\hat{=}}$ neue x-Koordinate
„Drei Einheiten in negative y-Richtung“:
$1{,}5-3=-1{,}5 \mathrel{\hat{=}}$ neue y-Koordinate
$\Rightarrow\ S_{ver}(5\,|\,-1{,}5)$
Damit erhält man die Scheitelpunktform:
$y=(x-5)^2-1{,}5$
Durch Berechnen des Binoms und geeignetes Zusammenfassen ergibt sich:
$y=x^2-10x+25-1{,}5$
$\Rightarrow\ \underline{\underline{g(x)=x^2-10x+23{,}5}}$

c) *1. Lösungsweg*
Man benötigt die Koordinaten zweier Punkte des Graphen der Funktion h aus der Abbildung, um die beiden Parameterwerte zu bestimmen, z. B. N(1 | 0) und S(–1 | –2).
Eingesetzt in die Funktionsgleichung ergibt sich:

$$h(1)=0$$
$$\frac{1}{2}+b+c=0$$
$$c=-\frac{1}{2}-b$$

Dieses Ergebnis verwendet man in der zweiten Gleichung:

$$h(-1)=-2$$
$$\frac{1}{2}-b+c=-2$$
$$\frac{1}{2}-b-\frac{1}{2}-b=-2$$
$$-2b=-2$$
$$\underline{\underline{b=1}} \ \Rightarrow\ \underline{\underline{c=-\frac{3}{2}}}$$

2. Lösungsweg
Man wandelt zunächst die allgemeine Normalform in die Scheitelpunktform um.

$$h(x)=\frac{1}{2}x^2+bx+c \qquad \text{Normalform}$$
$$=\frac{1}{2}(x^2+2bx+2c)$$
$$=\frac{1}{2}((x+b)^2-b^2+2c)$$
$$=\frac{1}{2}(x+b)^2-\frac{1}{2}b^2+c \qquad \text{Scheitelpunktform}$$

Die Parabel h hat also den Scheitelpunkt $S\left(-b\,\middle|\,-\frac{1}{2}b^2+c\right)$.

Nun vergleicht man den Scheitelpunkt S(−1 | −2) aus der Abbildung mit den allgemeinen Koordinaten:

$$\Rightarrow \quad -b=-1 \quad \text{und} \quad -\frac{1}{2}b^2+c=-2 \quad \text{mit} \quad b=1$$

$$\underline{\underline{b=1}} \qquad\qquad -\frac{1}{2}+c=-2$$

$$\underline{\underline{c=-\frac{3}{2}}}$$

d) Aus der Abbildung (siehe Teilaufgabe a) erkennt man, dass sich der Abstand mithilfe eines rechtwinkligen Dreiecks und des Satzes des Pythagoras bestimmen lässt. Die Seitenlängen ergeben sich aus den Koordinaten von P.

$$d-\sqrt{x_p^2+y_p^2}=\sqrt{2^2+2{,}5^2}\approx\underline{\underline{3{,}20}}$$

3. a) 30 m : 250 = 0,12 m = 12 cm
15 m : 250 = 0,06 m = 6 cm
8,5 m : 250 = 0,034 m = 3,4 cm
7,5 m : 250 = 0,03 m = 3 cm

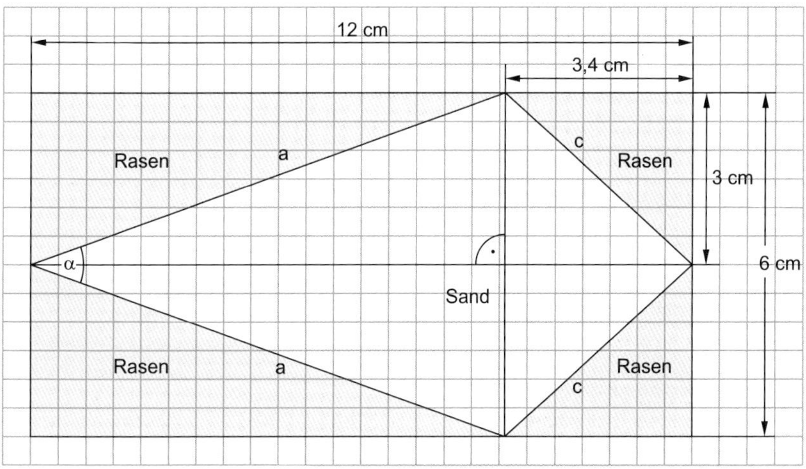

Anmerkung: Aufgrund von Platzmangel ist die Abbildung hier nicht maßstabsgetreu wiedergegeben. In der Prüfung müssen Sie jedoch genau die errechneten Längen in cm einzeichnen!

b) Es müssen insgesamt vier Streckenlängen bestimmt werden. Zwei Strecken haben jedoch aufgrund der Symmetrie der Figur jeweils die gleiche Länge. Die beiden gesuchten Seiten a und c sind jeweils die Hypotenuse eines rechtwinkligen Dreiecks.

Mit dem Satz des Pythagoras folgt:

$a = \sqrt{(30\text{ m} - 8{,}5\text{ m})^2 + (7{,}5\text{ m})^2} = \sqrt{(21{,}5\text{ m})^2 + (7{,}5\text{ m})^2} \approx 22{,}77\text{ m}$

$c = \sqrt{(8{,}5\text{ m})^2 + (7{,}5\text{ m})^2} \approx 11{,}34\text{ m}$

Da anfallende Reststücke nicht weiterverwendet werden und jeder Bordstein 1 m lang ist, werden beide Ergebnisse auf Meter aufgerundet. Pro „angebrochenem" Meter benötigt man einen Bordstein.

$ANZ = 2 \cdot a + 2 \cdot c = 2 \cdot 23 + 2 \cdot 12 = 70$

Es werden $\underline{\underline{70}}$ Bordsteine benötigt.

c) Die Fläche des Spielplatzes ist ein Rechteck.

$A_{\text{Spielplatz}} = \ell \cdot b = 30\text{ m} \cdot 15\text{ m} = 450\text{ m}^2$

Die Rasenfläche setzt sich aus vier Dreiecken zusammen, von denen zwei jeweils den gleichen Flächeninhalt haben. Da die Dreiecke zudem rechtwinklig sind, entspricht eine gegebene Seitenlänge der Grundseite und die andere Seitenlänge der Höhe des jeweiligen Dreiecks.

$$\begin{aligned} A_{\text{Rasen}} &= 2 \cdot A_{\Delta_1} + 2 \cdot A_{\Delta_2} = 2 \cdot \frac{1}{2} g_1 h_{g_1} + 2 \cdot \frac{1}{2} g_2 h_{g_2} \\ &= 7{,}5\text{ m} \cdot (30\text{ m} - 8{,}5\text{ m}) + 7{,}5\text{ m} \cdot 8{,}5\text{ m} \\ &= 7{,}5\text{ m} \cdot 21{,}5\text{ m} + 63{,}75\text{ m} = 225\text{ m}^2 \end{aligned}$$

$$\frac{A_{\text{Rasen}}}{A_{\text{Spielplatz}}} = \frac{225\text{ }\cancel{\text{m}^2}}{450\text{ }\cancel{\text{m}^2}} = 0{,}5$$

Der Rasen nimmt $\underline{\underline{50\ \%}}$ der Gesamtfläche des Spielplatzes ein.

Die Fläche, die mit Sand aufgefüllt werden soll, ist genauso groß wie die gesamte Rasenfläche. Die Füllhöhe des Sandes entnimmt man der Aufgabenstellung.

$V = A \cdot h = 225\text{ m}^2 \cdot 0{,}5\text{ m} = 112{,}5\text{ m}^3$

Es werden $\underline{\underline{112{,}5\text{ m}^3}}$ Sand benötigt.

d) $\tan\frac{\alpha}{2} = \frac{\text{Gegenkathete}}{\text{Ankathete}} = \frac{7{,}5\text{ }\cancel{\text{m}}}{21{,}5\text{ }\cancel{\text{m}}}$

$\frac{\alpha}{2} = \tan^{-1}\left(\frac{7{,}5}{21{,}5}\right)$

$\frac{\alpha}{2} \approx 19{,}23° \qquad \Rightarrow \quad \underline{\underline{\alpha \approx 38{,}46°}}$

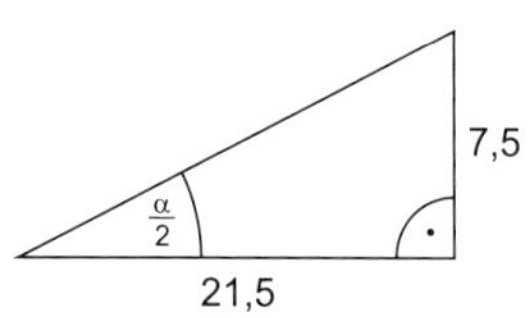

4. a) Das Gesamtvolumen verteilt sich auf drei baugleiche Speicher:
$600\,000\ \ell : 3 = 200\,000\ \ell = 200\,000\text{ dm}^3 = 200\text{ m}^3$

Ein Speicher hat die Form eines geraden Kreiszylinders. Der Durchmesser bzw. Radius ist aus der Aufgabenstellung bekannt ($d = 4\text{ m} \Rightarrow r = 2\text{ m}$).

Entsprechend ergibt sich:

$$V = \pi \cdot r^2 \cdot h \quad \Rightarrow \quad h = \frac{V}{\pi \cdot r^2}$$

$$h = \frac{200\text{ m}^3}{\pi \cdot 2^2\text{ m}^2}$$

$$h \approx 15{,}92\text{ m}$$

Der Speicher hat eine Höhe von rund 15,92 m.

b) $ANZ = \frac{170\,000\,\ell}{25\,000\,\ell} = 6{,}8$

Das Tankfahrzeug muss 7-mal zum Milchwerk fahren, um die Menge anzuliefern.

c) Füllhöhe des neuen Bechers: $h = 5\text{ cm} + 3\text{ cm} = 8\text{ cm}$
Volumen des Quarks im neuen Becher: 500 cm^3
Volumenformel für den Quark im neuen Becher:

$$V = a^2 \cdot h$$

$$500\text{ cm}^3 = a^2 \cdot 8\text{ cm}$$

$$\frac{500\text{ cm}^3}{8\text{ cm}} = a^2$$

$$a^2 = 62{,}5\text{ cm}^2$$

$$a \approx 7{,}91\text{ cm}$$

Die Grundkantenlänge des neuen Bechers beträgt ca. 7,91 cm.

x sei die Höhe des neuen Bechers. Dann gilt:

$$\frac{x}{100\,\%} = \frac{8\text{ cm}}{93\,\%}$$

$$x = \frac{100\,\%}{93\,\%} \cdot 8\text{ cm} \approx 8{,}60\text{ cm}$$

Der neue Becher hat eine Höhe von rund 8,60 cm.

5. a) *1. Lösungsweg*

Es gilt die Zinseszinsformel aus der Formelsammlung:
$K_n = K_0 \cdot q^n$

K_n ist der Endwert des Anfangskapitals K_0 nach n Jahren.

In diesem Fall:
$K_0 = 310$ €; $q = 1{,}011$; $n = 5$

n beginnt bei 0 und läuft bis 5. $\Rightarrow$ Dann sind 5 Jahre vergangen und man erhält den Betrag Anfang des 6. Jahres.

$K_n = 310\text{ €} \cdot 1{,}011^5 \approx \underline{\underline{327{,}43\text{ €}}}.$

2. Lösungsweg

Man berechnet für jedes Jahr die neue Miete:
1. Jahr: 310 €
2. Jahr: $310{,}00\text{ €} + 0{,}011 \cdot 310{,}00\text{ €} = 313{,}41\text{ €}$
3. Jahr: $313{,}41\text{ €} + 0{,}011 \cdot 313{,}41\text{ €} \approx 316{,}86\text{ €}$
4. Jahr: $316{,}86\text{ €} + 0{,}011 \cdot 316{,}86\text{ €} \approx 320{,}35\text{ €}$
5. Jahr: $320{,}35\text{ €} + 0{,}011 \cdot 320{,}35\text{ €} \approx 323{,}87\text{ €}$
6. Jahr: $323{,}87\text{ €} + 0{,}011 \cdot 323{,}87\text{ €} \approx \underline{\underline{327{,}43\text{ €}}}$

b) Die Steuern sind für beide Anbieter gleich. Deshalb muss man diese beim Vergleich nicht berücksichtigen.

Preis Anbieter 1: $57\text{ €} + 1\,000 \cdot 0{,}2547\text{ €} = 311{,}70\text{ €}$
Preis Anbieter 2: $81\text{ €} + 1\,000 \cdot 0{,}2402\text{ €} = 321{,}20\text{ €}$

Für Stefan ist der $\underline{\underline{\text{Anbieter 1}}}$ günstiger.

c) p: Schlüssel passt; $\overline{p}$: Schlüssel passt nicht

Nur einer der sieben Schlüssel ist der passende.

$\Rightarrow \quad P(p) = \frac{1}{7}$

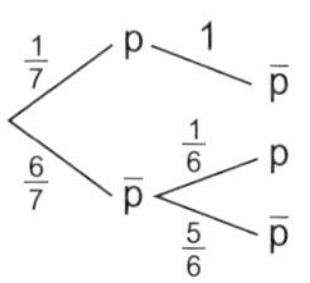

Das gesuchte Ereignis tritt ein, wenn der erste Schlüssel nicht passt und der zweite Schlüssel passt.

$P(\overline{p}p) = \frac{6}{7} \cdot \frac{1}{6} = \underline{\underline{\frac{1}{7}}}$

Es handelt sich um ein Ziehen ohne Zurücklegen, da der Hausmeister jeden Schlüssel nur einmal testet, d. h., nach jedem Versuch verbleibt ein Schlüssel weniger zum Probieren.

Ereignis: Der erste Schlüssel passt.

$P(p) = \frac{1}{7}$

Ereignis: Erst der letzte, d. h. der siebte Schlüssel, passt. Alle Vorigen passen nicht.

$P(\overline{p}\overline{p}\overline{p}\overline{p}\overline{p}\overline{p}p) = \frac{\cancel{6}}{7} \cdot \frac{\cancel{5}}{\cancel{6}} \cdot \frac{\cancel{4}}{\cancel{5}} \cdot \frac{\cancel{3}}{\cancel{4}} \cdot \frac{\cancel{2}}{\cancel{3}} \cdot \frac{1}{\cancel{2}} \cdot 1 = \frac{1}{7}$

Die Wahrscheinlichkeiten dafür, dass der erste oder der letzte Schlüssel passt, sind $\underline{\underline{\text{gleich}}}$.

d) Anzahl der Brotsorten: 2

Anzahl der Käsesorten: 2 ⎫
Anzahl der Wurstsorten: 4 ⎭ $2+4=6$

Anzahl der Gemüsesorten: 2

Wenn auf jeder Brötchensorte entweder Käse oder Wurst und entweder Gurke oder Tomate liegt, dann gilt:

ANZ = Anzahl der Brotsorten · Anzahl der Käse- und Wurstsorten · Anzahl der Gemüsesorten $= 2 \cdot 6 \cdot 2 = 24$

Man kann $\underline{\underline{24}}$ verschieden belegte Brötchen kreieren.

Zentrale Prüfung 2018 in Mathematik am Ende der 10. Jahrgangsstufe – Gymnasium Brandenburg

Aufgabe 1: Basisaufgaben BE

a) Bestimmen Sie $\frac{3}{4}$ von 1,2 kg. 1

b) Von einem 5 m langen Stab werden fünf Teile von je 30 cm abgesägt.
Geben Sie an, wie lang das restliche Stück des Stabes ist. 1

c) Kreuzen Sie an, für welche Gleichung gilt: $x = -2$

☐ $4x - 8 = 0$ ☐ $2x + 10 = 2$ ☐ $5x + 12 = 2$ ☐ $-2x + 4 = 0$ 1

d) Setzen Sie das richtige Zeichen (<, > oder =) ein.

5 % ☐ 0,5 1

e) Geben Sie 3,5 Stunden in Minuten an.

3,5 h = __________ min 1

f) Das Rechteck hat einen Umfang $u = 26$ cm.
Geben Sie die Länge der Seite b an.

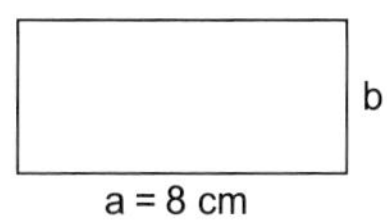

(Skizze nicht maßstabsgerecht) 1

g) Kreuzen Sie an, welche Gleichung für die Berechnung des Winkels β geeignet ist.

☐ $\sin\beta = \frac{a}{b}$

☐ $\cos\beta = \frac{a}{b}$

☐ $\sin\beta = \frac{b}{a}$

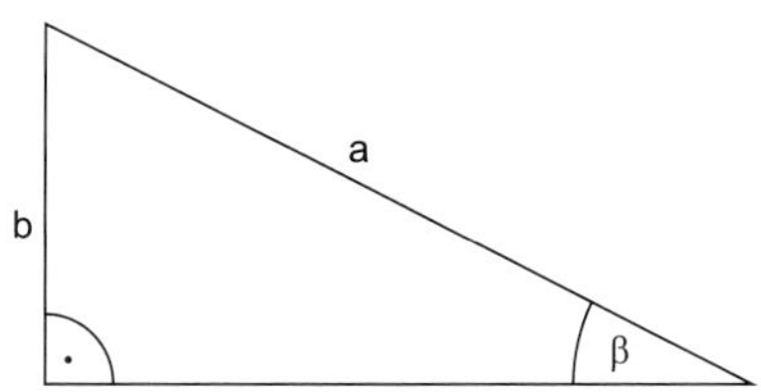

1

h) Das Dreieck wird an der Geraden g gespiegelt. Dann bildet das ursprüngliche Dreieck zusammen mit dem gespiegelten Dreieck ein Viereck.

Wie heißt dieses Viereck?

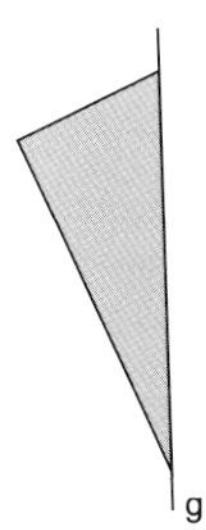

1

i) Kreuzen Sie an, welcher Körper zu diesem Netz gehört.

- ☐ Prisma
- ☐ Pyramide
- ☐ Quader

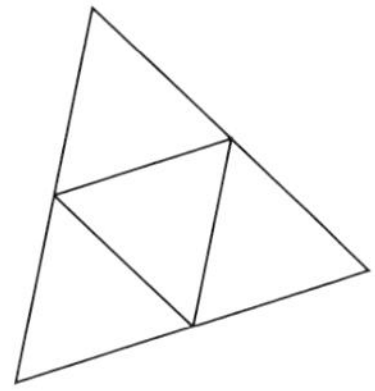

(Skizze nicht maßstabsgerecht) 1

j) Ein Glücksrad hat 5 gleich große Felder: rote, grüne und weiße. Die Wahrscheinlichkeit, beim einmaligen Drehen auf ein rotes Feld zu treffen, liegt bei 40 %.

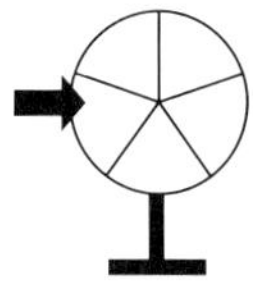

Geben Sie an, wie viele Felder rot sind. 1

10

Aufgabe 2: Funktionen

Im Koordinatensystem ist der Graph einer Exponentialfunktion f mit $f(x) = 1{,}5^x$ dargestellt.

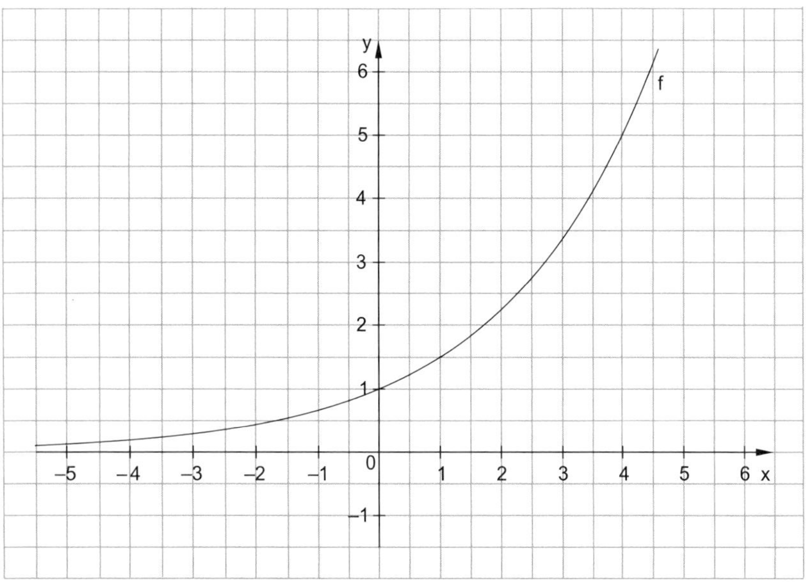

a) Geben Sie den Wertebereich von f an. 1

b) Der Punkt P(x | 1 000) gehört zum Graphen der Funktion f.
Berechnen Sie die x-Koordinate des Punktes P. 2

c) Der Graph f wird an der y-Achse gespiegelt.

- Zeichnen Sie den gespiegelten Graphen f* in das gegebene Koordinatensystem ein.
- Geben Sie eine zugehörige Funktionsgleichung an. 2

d) Die Gerade g hat den Anstieg $m = -3$. Sie schneidet den Graphen der Funktion f im Punkt $S(1 \mid 1{,}5)$.

- Ermitteln Sie die Funktionsgleichung der Geraden g.
- Stellen Sie die Gerade g im gegebenen Koordinatensystem dar.

Die Gerade g schließt mit den Koordinatenachsen eine Dreiecksfläche ein.

- Geben Sie die Größe des Winkels an, den die Gerade mit der x-Achse einschließt. 4

e) Berechnen Sie den Abstand des Schnittpunktes $S(1 \mid 1{,}5)$ vom Koordinatenursprung. 2

11

Aufgabe 3: Goldreserven

Im Jahr 2017 wurde aus dem Bode-Museum in Berlin eine der größten Goldmünzen der Welt gestohlen. Der Materialwert der Münze beträgt 3,8 Millionen Euro.
Die Münze hat eine Masse von 100 kg und einen Durchmesser von 53 cm.
Ein Kubikzentimeter Gold wiegt 19,3 g.

Das Bild zeigt nicht das Original.
Quelle: fielperson, pixabay

a) Die Münze hat die Form eines Zylinders.
Berechnen Sie das Volumen der Münze. 2

Es ist üblich, Goldreserven in Barren zu gießen und zu lagern. Diese Barren sind Prismen mit einem gleichschenkligen Trapez als Grundfläche.

©Alterov, Shutterstock

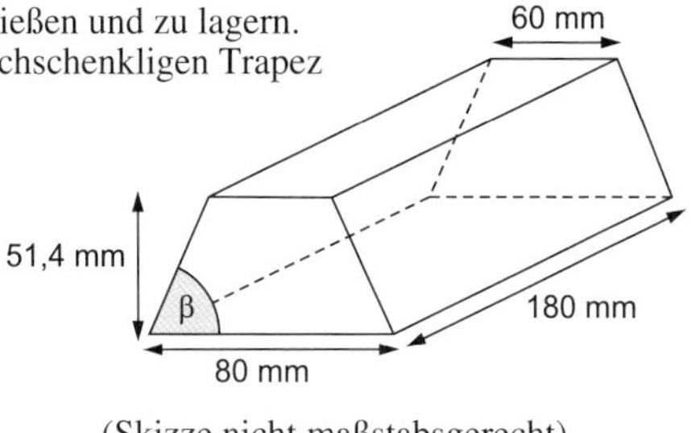

(Skizze nicht maßstabsgerecht)

b) Zeigen Sie rechnerisch, dass der Winkel β in der trapezförmigen Fläche eine Größe von ca. 79° hat. 2

c) Berechnen Sie die Masse eines Barrens.
Ermitteln Sie die Anzahl der Barren, die dem Materialwert der Goldmünze entsprechen. 4

Im Diagramm wird durch zwei verschiedene Graphen die Entwicklung des jeweils höchsten bzw. niedrigsten Goldkurses im Zeitraum von 2010 bis 2016 dargestellt.

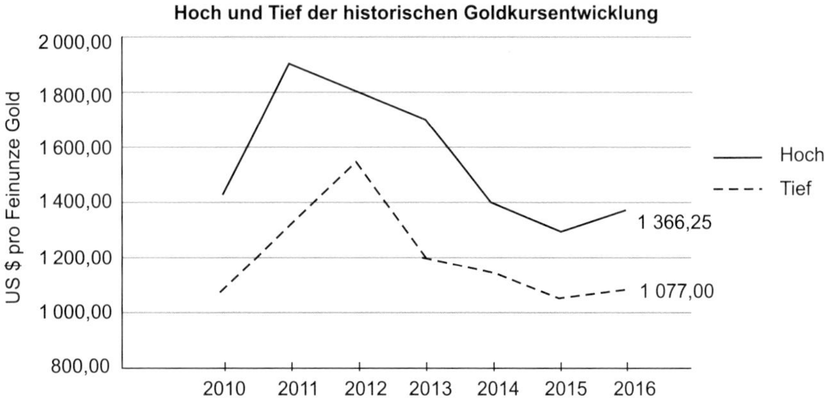

d) Geben Sie den höchsten Goldkurs im abgebildeten Zeitraum an.
Berechnen Sie den mittleren Goldwert im Jahr 2016. 2

10

Aufgabe 4: Drachen

Emil möchte einen Drachen bauen. Dazu muss er um ein Kreuz aus einer senkrechten und einer waagerechten Holzleiste eine Schnur spannen.

Diese Schnur hat eine Länge von 2,65 m. Der Winkel β soll eine Größe von 95,9° haben.

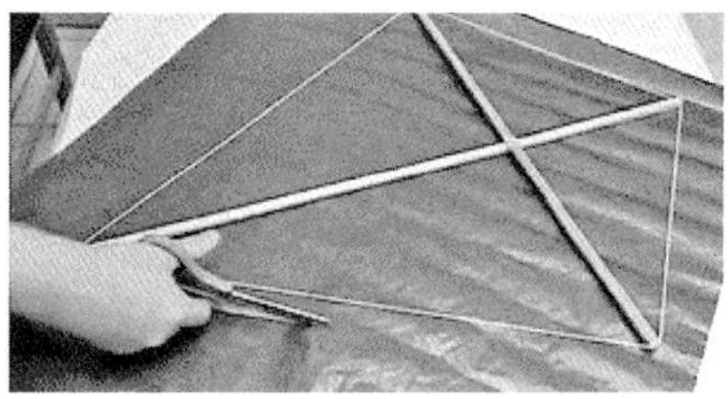

a) Zeigen Sie rechnerisch, dass Emil eine senkrechte Leiste mit einer Länge von einem Meter benötigt. 3

b) Berechnen Sie die Länge der waagerechten Holzleiste. 3

c) Emil möchte an seinem Drachen eine Schnur mit Schleifen befestigen. In einem Karton befinden sich sechs rote und zwei blaue Schleifen. Er entnimmt dem Karton ohne hinzuschauen Schleifen.

Beschreiben Sie das Ereignis E, zu dem die Wahrscheinlichkeit mit der folgenden Gleichung berechnet wird:

$$P(E) = \frac{6}{8} \cdot \frac{5}{7} \cdot \frac{4}{6} \cdot \frac{3}{5} = \frac{3}{14}$$ 2

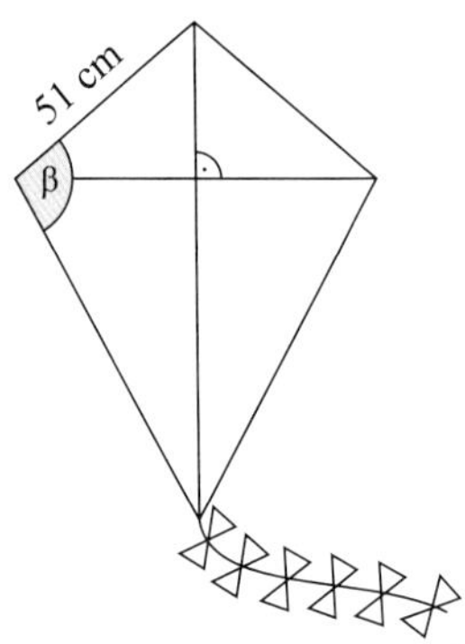

(Skizze nicht maßstabsgerecht)

8

Aufgabe 5: Brücke

Die Fahrbahn der Hängebrücke ist an Hauptseilen aufgehängt. Das Hauptseil im mittleren Abschnitt hat die Form einer Parabel.
Die Spannweite des Hauptseils beträgt 40 m. Die Höhe der oberen Befestigungspunkte A und B über der Fahrbahn beträgt 12,5 m.

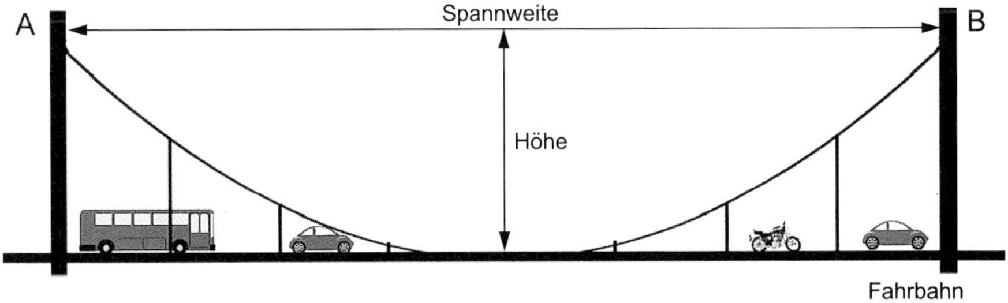

(Skizze nicht maßstabsgerecht)

a) Zur Beschreibung des Parabelbogens wurden von Schülern folgende Gleichungen vorgeschlagen:

(1) $y = -40 \cdot x^2 + 12{,}5$

(2) $y = 12{,}5 \cdot x + 40$

Begründen Sie, warum die beiden Gleichungen zur Beschreibung dieses Parabelbogens nicht geeignet sind. 2

b) • Zeichnen Sie in die Abbildung ein Koordinatensystem ein, bei dem die x-Achse entlang der Fahrbahn und die y-Achse durch den Scheitelpunkt der Parabel verläuft.

• Geben Sie die Koordinaten des Punktes A an.

• Bestimmen Sie die Gleichung, die zur abgebildeten Parabel gehört. 4

Bei einer Verkehrszählung wurden insgesamt fünf LKWs, drei Busse, fünf Motorräder und sieben PKWs registriert.

c) Geben Sie die Anzahl aller Möglichkeiten für die ersten beiden gezählten Fahrzeugarten an. Die Reihenfolge ist zu beachten. 2

d) Berechnen Sie die Wahrscheinlichkeit dafür, dass der erste registrierte LKW das zweite oder das dritte gezählte Fahrzeug ist. 3

11

Hinweise und Tipps

Aufgabe 2

a)

- Der Wertebereich ist die Menge an möglichen y-Werten (Funktionswerten).
- Welche Eigenschaften haben Exponentialfunktionen? Verwenden Sie den dargestellten Graphen als Anhaltspunkt.

b)

- Der Punkt P muss die Funktionsgleichung erfüllen.

c)

- Wählen Sie Punkte des Graphen f und spiegeln Sie diese an der y-Achse.
- Zeichnen Sie nun einen Graphen durch die gespiegelten Punkte.
- Überlegen Sie, was für die x- und y-Werte bei einer Spiegelung an der y-Achse gilt.
- Nutzen Sie diese Überlegung zur Angabe der Funktionsgleichung $f^*(x)$.

d)

- Allgemein lautet die Funktionsgleichung für lineare Funktionen: $y = m \cdot x + n$
- Die Gerade g hat den Anstieg $m = -3$.
- Der Punkt S liegt auf der Geraden g und muss die Funktionsgleichung erfüllen.
- Für die grafische Darstellung trägt man zunächst die Punkte S und $(0 \mid n)$ ins Koordinatensystem ein. Anschließend zeichnet man eine Gerade durch beide Punkte.
- Kennzeichnen Sie das entstehende Dreieck und den gesuchten Winkel im Koordinatensystem.
- Wenden Sie die Winkelbeziehungen im rechtwinkligen Dreieck an.

e)

- Tragen Sie die Strecke, die den Abstand angibt, in die grafische Darstellung ein.
- Wenden Sie den Satz des Pythagoras an.

Aufgabe 3

a)

- Untersuchen Sie als Erstes, welche Größen gegeben sind.
- Die Volumenformel $V = \pi \cdot r^2 \cdot h$ kann hier nicht zur Berechnung verwendet werden, da die Zylinderhöhe nicht bekannt ist.
- Für die Dichte eines Stoffes gilt: $\rho = \frac{m}{V}$

b)

- Welche Größen des Trapezes sind gegeben?
- Erstellen Sie eine Skizze der Grundfläche.
- Zeichnen Sie in die Skizze ein rechtwinkliges Dreieck mit dem Winkel β ein.
- Berechnen Sie den Winkel β mithilfe der Winkelbeziehungen im rechtwinkligen Dreieck.

c)

- Für die Dichte eines Stoffes gilt: $\rho = \frac{m}{V}$. Die Dichte ist aus der Aufgabenstellung bekannt.
- Für das Volumen des Prismas gilt: $V = A_T \cdot h$

d)

- Lesen Sie am Graphen für den höchsten Goldkurs den höchsten Goldwert ab.
- Entnehmen Sie dem Diagramm den höchsten und tiefsten Goldwert im Jahr 2016.
- Berechnen Sie für den Höchst- und Tiefstwert im Jahr 2016 das arithmetische Mittel.

Aufgabe 4

a)

- Die Längen der kürzeren Seiten sowie der Umfang (Summe aller Seiten, Länge der Schnur) des Drachenvierecks sind gegeben.
- Mit diesen Angaben lassen sich die übrigen Seitenlängen berechnen.
- Das Drachenviereck lässt sich entlang der senkrechten Leiste in 2 kongruente Dreiecke zerlegen.
- In diesem Dreieck lässt sich mithilfe des Winkels β der Kosinussatz anwenden.

b)

- Bestimmen Sie zunächst den Flächeninhalt des Drachenvierecks.
- Das Drachenviereck lässt sich entlang der senkrechten Leiste in 2 kongruente Dreiecke zerlegen, deren Flächeninhalt sofort berechnet werden kann.
- Mithilfe der allgemeinen Formel zur Bestimmung des Flächeninhalts eines Drachenvierecks lässt sich nun die Länge der waagerechten Leiste bestimmen.

c)

- Es handelt sich um ein Ziehen ohne Zurücklegen.
- Fertigen Sie als Hilfe ein Baumdiagramm an, in dem sichtbar wird, welche Pfade zum Ergebnis P(E) führen. Daraus lässt sich dann das Ereignis E verfolgen und beschreiben.

Aufgabe 5

a)

- Überlegen Sie, welche Typen von Funktionen durch (1) und (2) beschrieben werden.

b)

- Legen Sie den Ursprung des Koordinatensystems in den Scheitelpunkt.
- Das Hauptseil wird durch eine gestauchte Normalparabel beschrieben.
- Mithilfe der Koordinaten des Punktes A kann dann die vollständige Gleichung ermittelt werden.

c)

- Es sind 4 verschiedene Fahrzeugarten registriert.
- Von jeder Fahrzeugart gibt es mindestens 2 Exemplare.

d)

- Erstellen Sie ein 3-stufiges Baumdiagramm. Untersuchen Sie, welche Pfade zum Ziel führen, und wenden Sie die Pfadregeln an.

Lösung

1. a) $\frac{1}{4}$ von 1,2 kg ist der 4. Teil, also 0,3 kg.
   $\frac{3}{4}$ sind dann 3 solche Teile, also $\underline{\underline{0{,}9\text{ kg}}}$.

   Weitere Möglichkeit: $\frac{3}{4} = 0{,}75 \Rightarrow 0{,}75 \cdot 1{,}2\text{ kg} = 0{,}9\text{ kg}$

   b) Zunächst Stablänge und abgesägte Teile auf die gleiche Einheit bringen.
   Stablänge 5 m = 500 cm

   5 Teile von je 30 cm sind zusammen $5 \cdot 30\text{ cm} = 150\text{ cm}$.
   Diese werden abgesägt, also $500\text{ cm} - 150\text{ cm} = 350\text{ cm}$.

   Der Rest beträgt $\underline{\underline{350\text{ cm}}}$ bzw. $\underline{\underline{3{,}5\text{ m}}}$.

   c) Um die Frage beantworten zu können, setzt man in jede der 4 Gleichungen für x die Zahl –2 ein und prüft, ob die Aussage danach richtig wird.

$4x - 8 = 0$	mit $x = -2$ ergibt sich	$-8 - 8 = -16 \neq 0$	falsch
$2x + 10 = 2$	mit $x = -2$ ergibt sich	$-4 + 10 = 6 \neq 2$	falsch
$5x + 12 = 2$	mit $x = -2$ ergibt sich	$-10 + 12 = 2$	wahr
$-2x + 4 = 0$	mit $x = -2$ ergibt sich	$4 + 4 = 8 \neq 0$	falsch

   $\Rightarrow$ ☒ $\underline{\underline{5x + 12 = 2}}$

   d) 5 % sind $\frac{5}{100} = 0{,}05$

   $\Rightarrow \underline{\underline{5\% < 0{,}5}}$

   Weitere Möglichkeiten:
   0,5 sind $\frac{5}{10} = \frac{1}{2} \mathrel{\hat{=}} 50\ \%$ oder

   $5\ \% \mathrel{\hat{=}} \frac{1}{20}$, $0{,}5 = \frac{1}{2}$

   e) 1 h = 60 min
   3 h = 180 min, 0,5 h = 30 min $\Rightarrow$ 3,5 h = $\underline{\underline{210\text{ min}}}$

   f) Für das dargestellte Rechteck gilt für den Umfang (Summe der Längen aller begrenzenden Seiten):
   $u = 2a + 2b$ mit $a = 8\text{ cm}$

$$\begin{aligned} u &= 2 \cdot 8\text{ cm} + 2b \\ 26\text{ cm} &= 16\text{ cm} + 2b \quad &|-16\text{ cm} \\ 10\text{ cm} &= 2b \quad &|:2 \\ \underline{\underline{5\text{ cm}}} &\underline{\underline{= b}} \end{aligned}$$

g) Im rechtwinkligen Dreieck gelten folgende Winkelbeziehungen:

$\sin x = \frac{\text{Gegenkathete}}{\text{Hypotenuse}}$

$\cos x = \frac{\text{Ankathete}}{\text{Hypotenuse}}$

Dabei ist x ein Innenwinkel des rechtwinkligen Dreiecks.

Aus der Zeichnung erkennt man, dass a die Hypotenuse ist (liegt dem rechten Winkel gegenüber).
Zum Winkel β ist b die Gegenkathete (liegt β gegenüber).

$\Rightarrow$ ☒ $\underline{\underline{\sin\beta = \frac{b}{a}}}$

h) Da bei der Spiegelung an g die Längen der Bildstrecken mit den Längen der Originalstrecken übereinstimmen, erhält man zwei Paare gleich langer benachbarter Seiten. Zudem ist die Spiegelachse Symmetrieachse und eine Diagonale des Vierecks.

Es handelt sich um ein $\underline{\underline{\text{Drachenviereck}}}$.

i) Klappt man die grauen Flächen nach oben, dann fallen die 3 Punkte, die in der Skizze mit S bezeichnet sind, zusammen und bilden die Spitze einer Pyramide mit der weißen Fläche als Grundfläche.

$\Rightarrow$ ☒ $\underline{\underline{\text{Pyramide}}}$

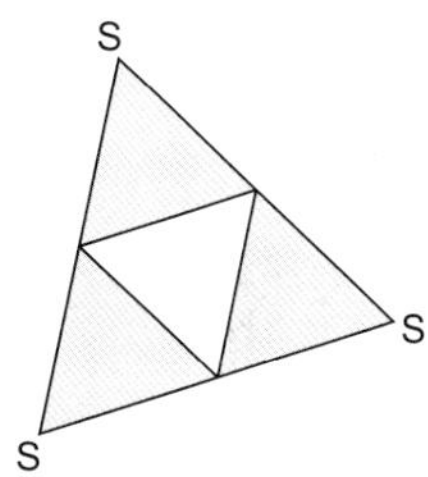

j) Es sind 5 gleich große Felder, d. h., die Wahrscheinlichkeit, 1 Feld zu treffen, beträgt $\frac{1}{5} \mathrel{\hat{=}} 20\ \%$.

Da die Wahrscheinlichkeit, ein rotes Feld zu treffen, bei 40 % liegen soll, müssen $\underline{\underline{2}}$ Felder rot sein.

Hinweis: Es ist egal, ob die beiden roten Felder nebeneinanderliegen oder nicht.

2. a) Der Wertebereich gibt die Menge an möglichen y-Werten (Funktionswerten) an, d. h., welche y-Werte erreicht werden können.

Da bei einer Potenz a^x ($a \in \mathbb{R}$, $a > 0$) immer nur positive Werte erreichbar sind ($a^x > 0$), ist der Wertebereich: $y \in \mathbb{R}; y > 0$

b) Der Punkt $P(x \mid 1\,000)$ soll auf dem Graphen von f liegen, daher müssen seine Koordinaten die Gleichung $y = 1{,}5^x$ erfüllen.

Es ergibt sich folgende Gleichung:
$1\,000 = 1{,}5^x$

1. Möglichkeit: Man löst diese Gleichung durch Probieren (Intervallschachtelung)

x	$1{,}5^x$	Vergleich	
10	57,7	< 1 000	
15	437,9	< 1 000	
20	3 325,3	> 1 000	
18	1 477,9	> 1 000	
17	985,3	< 1 000	$\Rightarrow$ $17 < x < 18$
17,5	1 206,7	> 1 000	
17,1	1 026,0	> 1 000	$\Rightarrow$ $17{,}0 < x < 17{,}1$

Für x gilt: $17{,}0 < x < 17{,}1$, also $\underline{\underline{x \approx 17}}$.

2. Möglichkeit: Lösen durch Logarithmieren

$$1\,000 = 1{,}5^x$$
$$x = \log_{1,5}(1\,000)$$
$$x \approx 17$$

c) Für die Zeichnung des gespiegelten Graphen wählen Sie Punkte des Graphen f und spiegeln diese an der y-Achse. Beachten Sie, dass beide Graphen sich im Punkt $(0 \mid 1)$ schneiden, da dieser auf der Spiegelachse liegt.

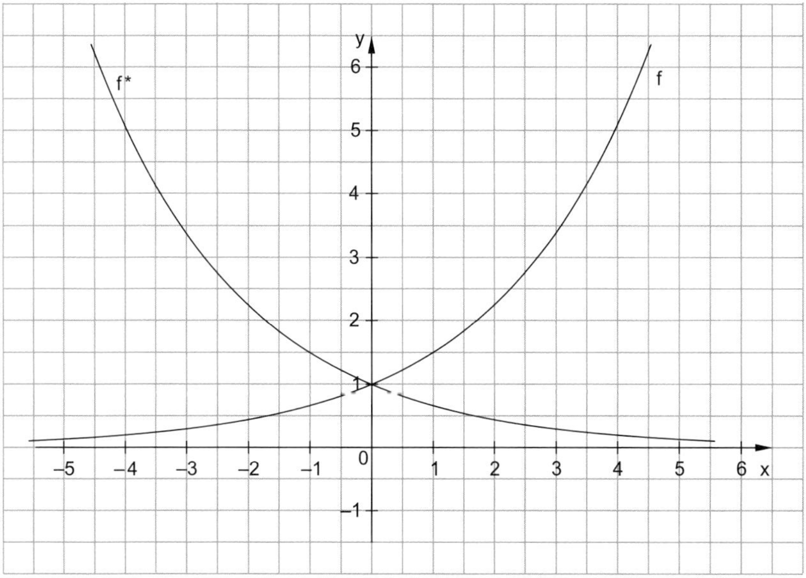

Wird ein Punkt P mit P(x | y) an der y-Achse gespiegelt, so bleibt der y-Wert erhalten, der x-Wert von dem Bild P' ist der negative x-Wert (siehe Skizze).

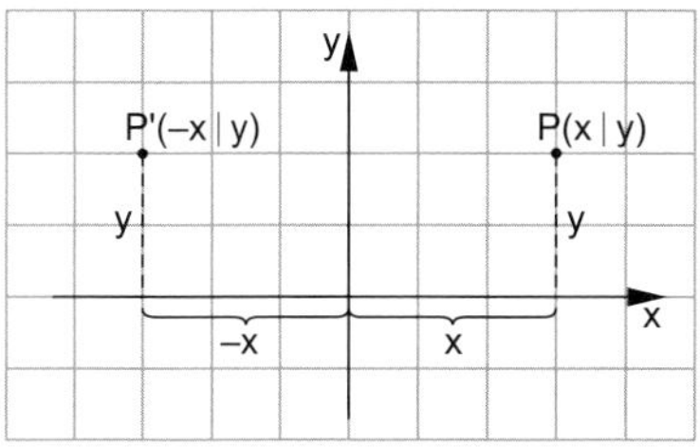

Dies setzt man in die Funktionsgleichung von f ein:

f: $y = 1{,}5^{x}$
f*: $\underline{\underline{y = 1{,}5^{-x}}}$ (y bleibt, vom x-Wert der negative Wert)

d) $y = m \cdot x + n$ ist die allgemeine Funktionsgleichung linearer Funktionen. Dabei ist m der Anstieg und n ergibt sich als Funktionswert an der Stelle $x = 0$, gibt also den Schnitt mit der y-Achse an.

Von der Geraden g sind gegeben der Anstieg $m = -3$ und der Punkt S mit den Koordinaten $S(1 \mid 1{,}5)$, der auf der Geraden liegt. Um die Gleichung der linearen Funktion f, deren Graph g ist, zu bestimmen, geht man folgendermaßen vor:

Einsetzen des Anstiegs m in die allgemeine Gleichung:
$y = m \cdot x + n \;\Rightarrow\; y = -3 \cdot x + n$

Da $S \in g$, müssen die Koordinaten diese Funktionsgleichung erfüllen und werden eingesetzt:

$1{,}5 = -3 \cdot 1 + n \quad |+3$
$4{,}5 = n$

Ergebnis: $\underline{\underline{f\colon\ y = -3 \cdot x + 4{,}5}}$

Weitere Möglichkeit: Grafische Lösung
Man kann die Funktionsgleichung auch grafisch ermitteln, indem man den Punkt S in das Koordinatensystem einträgt und das Anstiegsdreieck ausgehend von S einzeichnet.

Es gilt: $m = \frac{\Delta y}{\Delta x}$ und da die Gerade monoton fallend ist, ist $m < 0$.

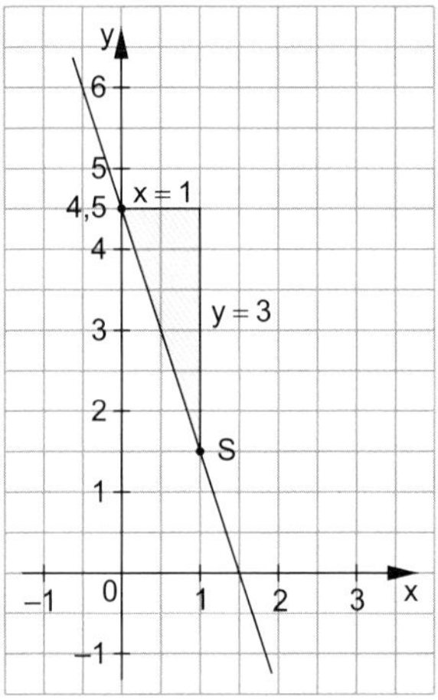

Als Schnittpunkt mit der y-Achse ergibt sich $(0\,|\,4{,}5)$.

Hat man die Funktionsgleichung rechnerisch ermittelt, so kann man einfach die bekannten Punkte S und $(0\,|\,4{,}5)$ ins Koordinatensystem eintragen und eine Gerade durch beide Punkte zeichnen für die grafische Darstellung.

Skizze für die Winkelberechnung:

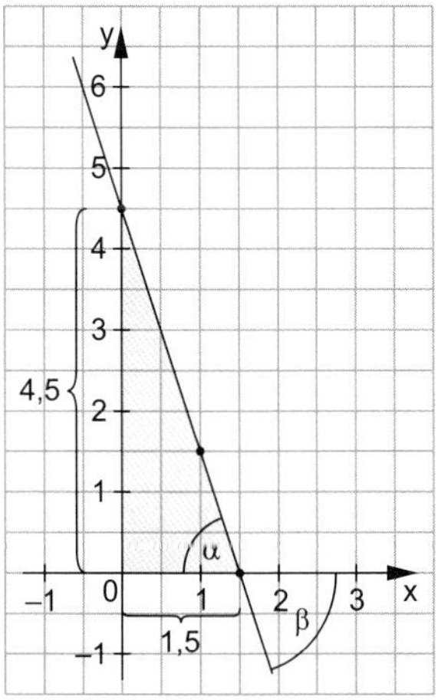

Das in der Skizze grau unterlegte Dreieck ist rechtwinklig und der gekennzeichnete Winkel α ist der Winkel, unter dem g die x-Achse schneidet.

Anwenden der Winkelbeziehungen im rechtwinkligen Dreieck
Bekannt sind die beiden Katheten und es gilt:

$$\tan\alpha = \frac{\text{Gegenkathete}}{\text{Ankathete}}$$

$$\tan\alpha = \frac{4{,}5}{1{,}5}$$

$$\tan\alpha = 3$$

$$\alpha \approx 71{,}56° \approx \underline{\underline{72°}}$$

Alternativlösung:
Kennt man den Zusammenhang $m = \tan\beta$, so kann der Winkel mithilfe des Anstiegs berechnet werden:
$\tan\beta = -3 \quad \Rightarrow \quad \beta \approx -71{,}56°$
Umrechnen in den positiven Winkel:
$-71{,}56° + 180° = 108{,}43°$
Der gesuchte Schnittwinkel ist der Nebenwinkel mit $\alpha \approx 71{,}56°$.

e) Skizze zur Abstandsbestimmung:

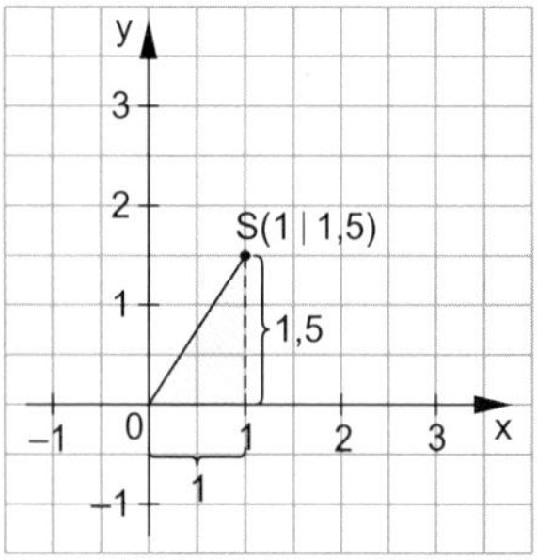

Der Abstand $\overline{OS}$ ist die Hypotenuse in einem rechtwinkligen Dreieck. Zur Berechnung wendet man den Satz des Pythagoras an.

$$\overline{OS} = \sqrt{1^2 + 1{,}5^2}$$
$$\overline{OS} = \sqrt{3{,}25}$$
$$\underline{\underline{\overline{OS} \approx 1{,}8 \text{ LE}}}$$

3. a) Das Volumen muss über die gegebene Masse von m = 100 kg und die Dichte von 19,3 g pro cm^3 ermittelt werden. Der Durchmesser ist nicht hilfreich, da man die Zylinderhöhe nicht kennt und somit die Volumenformel für einen Zylinder nicht anwendbar ist.

Für die Dichte ρ eines Stoffes gilt: $\rho = \frac{m}{V}$
Nach V auflösen: $V = \frac{m}{\rho}$

Hinweis: Die Masse in g umrechnen, damit die Einheiten richtig benutzt werden können.

100 kg = 100 000 g

$$V = \frac{m}{\rho}$$
$$V = \frac{100\,000 \not{g}}{19{,}3 \not{g}} \cdot cm^3$$
$$V \approx 5\,181{,}35 \cdot cm^3$$
$$V \approx \underline{\underline{5\,181\, cm^3}}$$

b) Vom gleichschenkligen Trapez sind die Längen der parallelen Seiten sowie die Höhe gegeben.

Skizze:

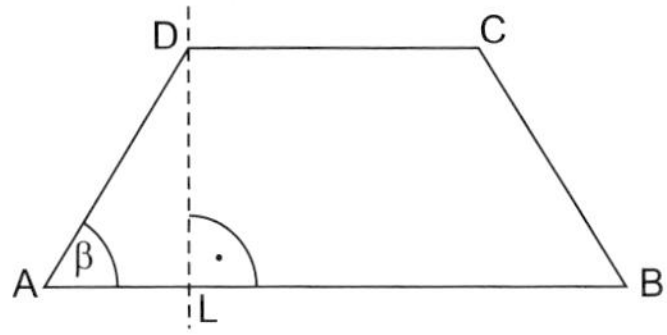

Zum besseren Verständnis sind die Eckpunkte bezeichnet. L ist der Fußpunkt des Lotes von D auf $\overline{AB}$.

Das Dreieck ALD ist rechtwinklig. Das gleichschenklige Trapez besteht aus 2 kongruenten Dreiecken und einem Rechteck.

$\overline{DL} = 51{,}4 \text{ mm}$

$$\overline{AL} = \frac{\overline{AB} - \overline{CD}}{2} = \frac{(80-60) \text{ mm}}{2} = 10 \text{ mm}$$

Anwendung der Winkelbeziehungen im rechtwinkligen Dreieck:

$$\tan\beta = \frac{\overline{DL}}{\overline{AL}} \qquad \left(\frac{\text{Gegenkathete}}{\text{Ankathete}}\right)$$

$$\tan\beta = \frac{51{,}4 \text{ mm}}{10 \text{ mm}}$$

$$\tan\beta = 5{,}14$$

$$\beta \approx 78{,}99° \approx \underline{\underline{79°}}$$

Dies entspricht der Angabe in der Aufgabe.

c) Die Masse des Barrens errechnet sich mithilfe der Dichte:

$$\rho = \frac{m}{V} \quad \Rightarrow \quad m = \rho \cdot V$$

Die Dichte ist aus der Aufgabenstellung bekannt.
Für das Volumen eines Prismas gilt:
$V = A_T \cdot h$
A_T: Grundfläche – hier des Trapezes
h: Körperhöhe – hier 180 mm

Berechnung der Trapezfläche:

$$A_T = \frac{a + c}{2} \cdot h \qquad \text{(Summe der parallelen Seiten)}$$

Hinweis: Auf die Einheiten achten.

$$A_T = \frac{80 \text{ mm} + 60 \text{ mm}}{2} \cdot 51{,}4 \text{ mm}$$

$$A_T = 3\,598 \text{ mm}^2$$

$$V = 3\,598 \text{ mm}^2 \cdot 180 \text{ mm}$$

$$V = 647\,640 \text{ mm}^3$$

$$V = 647{,}64 \text{ cm}^3$$

$m = \rho \cdot V$

$m = 19{,}3 \frac{g}{\cancel{cm^3}} \cdot 647{,}64\ \cancel{cm^3}$

$m = 12\,499{,}452\ g$

$\underline{\underline{m \approx 12{,}5\ kg}}$

Anzahl der Barren:
Die Münze wiegt 100 kg.

$\frac{100\ \cancel{kg}}{12{,}5\ \cancel{kg}} = \underline{\underline{8}}$ Barren

d) Aus dem Verlauf des Graphen für den höchsten Goldkurs liest man den höchsten Goldpreis mit $\underline{\underline{1\,900\ \$}}$ pro Feinunze (im Jahr 2011) ab.

Für das Jahr 2016 entnimmt man dem Diagramm:
Hoch: 1 366,25 $
Tief: 1 077,00 $

Daraus berechnet man den Mittelwert (arithmetisches Mittel):

$\frac{1\,077{,}00\ \$ + 1\,366{,}25\ \$}{2} = 1\,221{,}625\ \$ \approx \underline{\underline{1\,221{,}63\ \$}}$

4. a) Skizze

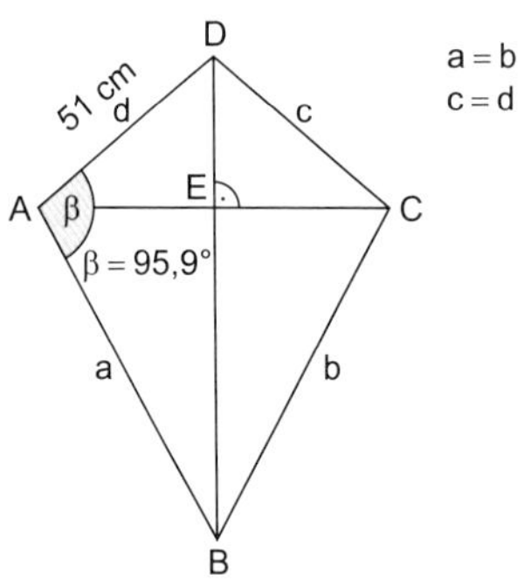

Gegeben ist:
$2a + 2c = 2{,}65$ cm (Länge der Schnur)
Außerdem gilt: $c = d = 51$ cm
$2a + 2 \cdot 51\ cm = 2{,}65\ m$

Hinweis: Alle Längen auf die gleiche Einheit bringen.

$2a + 102\ cm = 265\ cm$
$\underline{\underline{a = 81{,}5\ cm}}$

Somit kann nun die senkrechte Leiste $\overline{BD}$ berechnet werden. Dazu wendet man im Dreieck $\triangle ABD$ den Kosinussatz an:

$$\begin{aligned}\overline{BD}^2 &= \overline{AD}^2 + \overline{AB}^2 - 2 \cdot \overline{AD} \cdot \overline{AB} \cdot \cos\beta \\ &= 51^2\,\text{cm}^2 + 81{,}5^2\,\text{cm}^2 - 2 \cdot 51\,\text{cm} \cdot 81{,}5\,\text{cm} \cdot \cos 95{,}9^\circ \\ &\approx 10\,097{,}76\,\text{cm}^2\end{aligned}$$

$$\overline{BD} \approx 100{,}49\,\text{cm} \approx \underline{\underline{1\,\text{m}}}$$

Somit ist bestätigt, dass die senkrechte Leiste eine Länge von 1 m hat.

b) Zur Berechnung der Länge der waagerechten Holzleiste gibt es verschiedene Möglichkeiten.

1. Möglichkeit: Berechnung über Flächeninhalte
Für die Fläche eines Drachenvierecks gilt:

$A_D = \frac{1}{2} \cdot \overline{AC} \cdot \overline{BD}$; $\overline{AC}$ ist dabei die gesuchte Länge

Diese Fläche setzt sich aus der doppelten Dreiecksfläche $\triangle ABD$ zusammen.

$$\begin{aligned}A_{\triangle ABD} &= \frac{1}{2} \cdot \overline{AD} \cdot \overline{AB} \cdot \sin\beta \\ &= \frac{1}{2} \cdot 51\,\text{cm} \cdot 81{,}5\,\text{cm} \cdot \sin 95{,}9^\circ \\ &\approx 2\,067{,}24\,\text{cm}^2\end{aligned}$$

$$\begin{aligned}A_D &= 2 \cdot A_{\triangle ABD} \\ &= 2 \cdot 2\,067{,}24\,\text{cm}^2 \\ &= 4\,134{,}48\,\text{cm}^2\end{aligned}$$

Mit der allgemeinen Formel für die Fläche eines Drachenvierecks erhält man folgende Gleichung:

$$\frac{1}{2} \cdot \overline{AC} \cdot \overline{BD} = 4\,134{,}48\,\text{cm}^2$$

$$\frac{1}{2} \cdot \overline{AC} \cdot 100{,}5\,\cancel{\text{cm}} = 4\,134{,}48\,\text{cm}^{\cancel{2}}$$

$$\overline{AC} \approx 82{,}28\,\text{cm} \approx \underline{\underline{82{,}3\,\text{cm}}}$$

2. Möglichkeit: Berechnung mithilfe von Kosinus- und Sinussatz
Anwendung des Kosinussatzes im Dreieck $\triangle ACD$. Dazu muss der Winkel $\sphericalangle ADC$ ermittelt werden. Dieser ist doppelt so groß wie der Winkel $\sphericalangle ADB$. (Die senkrechte Leiste ist Symmetrieachse und „halbiert" das Drachenviereck.)
Im Dreieck $\triangle ABD$ kann der Winkel $\sphericalangle ADB$ mithilfe des Sinussatzes berechnet werden.

$$\frac{\overline{AB}}{\overline{BD}} = \frac{\sin \sphericalangle ADB}{\sin\beta}$$

$$\sin\sphericalangle ADB = \frac{\overline{AB}\cdot\sin\beta}{\overline{BD}}$$
$$= \frac{81{,}5\ \text{cm}\cdot\sin 95{,}9°}{100{,}5\ \text{cm}}$$
$$\approx 0{,}80665$$

$\sphericalangle ADB = 53{,}77°$ (stumpfer $\sphericalangle$ entfällt; nicht möglich wegen Innenwinkelsumme im Dreieck)

$\sphericalangle ADC = 2\cdot\sphericalangle ADB = 2\cdot 53{,}77° = 107{,}54°$

Nun kann im $\triangle ACD$ der Kosinussatz angewendet werden:

$$\overline{AC}^2 = \overline{AD}^2 + \overline{CD}^2 - 2\cdot\overline{AD}\cdot\overline{CD}\cdot\cos\sphericalangle ADC$$
$$= 2\cdot\overline{AD}^2 - 2\cdot\overline{AD}^2\cdot\cos\sphericalangle ADC,\quad \text{weil } \overline{AD} = \overline{CD}$$
$$= 2\cdot 51^2\ \text{cm}^2 - 2\cdot 51^2\ \text{cm}^2\cdot\cos 107{,}54°$$
$$\approx 6\,769{,}7\ \text{cm}^2$$

$$\overline{AC} \approx 82{,}278\ \text{cm} \approx \underline{\underline{82{,}3\ \text{cm}}}$$

c) Beim Ereignis E handelt es sich um das viermalige Ziehen einer gleichartigen Schleife ohne Zurücklegen. Da nur 2 blaue Schleifen vorhanden sind, wird folglich 4-mal nacheinander eine rote Schleife gezogen.
Man kann dies auch mithilfe eines Baumdiagramms verdeutlichen:
r: rot
b: blau

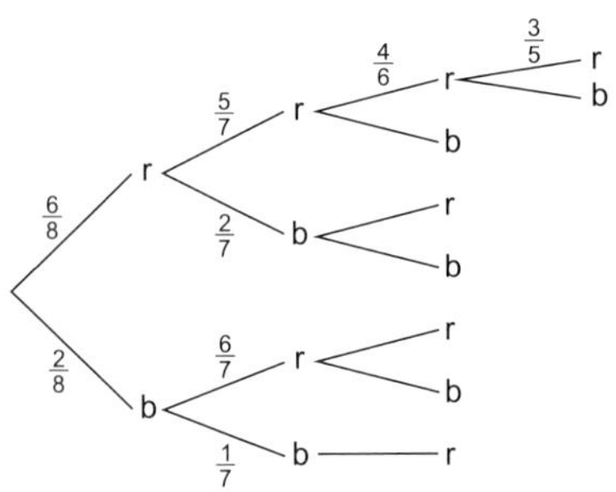

Es gibt nur den Pfad r-r-r-r, bei dem P(E) mit der angegebenen Gleichung berechnet wird.

5. a) Die Parabel mit der Gleichung $y = -40x^2 + 12{,}5$ beschreibt das Hauptseil nicht, da der Faktor vor x^2 negativ ist, was zur Folge hat, dass diese Parabel nach unten geöffnet ist. Das Hauptseil der Brücke ist jedoch nach oben geöffnet.
Die Gleichung $y = 12{,}5\cdot x + 40$ ist nicht als Modell geeignet, da diese Gleichung eine lineare Funktion (Gerade) beschreibt.

b) Koordinatensystem einzeichnen (aus Platzgründen wurde die Zeichnung etwas verkleinert):

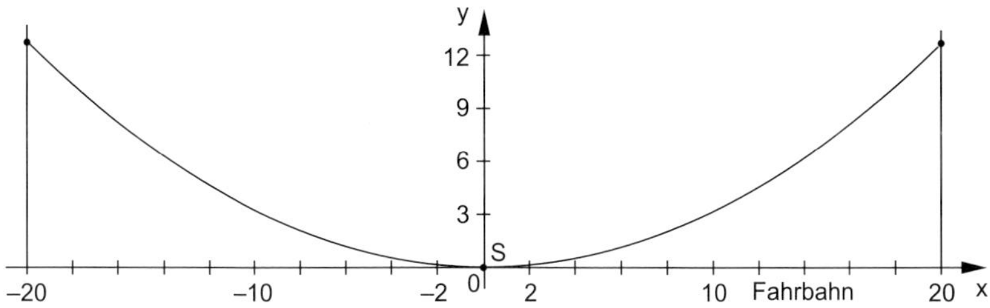

Spannweite $\overline{AB} = 40\text{ m} \;\Rightarrow$ x-Wert von Punkt A ist –20
Der y-Wert gibt die Höhe 12,5 m an.
Ergebnis:
$\underline{\underline{A(-20 \mid 12{,}5)}}$

Aufstellen der Parabelgleichung:
Der Scheitelpunkt S liegt offensichtlich im Koordinatenursprung; deshalb entsteht diese Parabel aus der Normalparabel der Gleichung $y = x^2$ nur durch eine Stauchung.

Ansatz:

$y = p(x) = a \cdot x^2$

a: Stauchungsfaktor

Die Koordinaten von A einsetzen, dann kann a berechnet werden.

$12{,}5 = a \cdot (-20)^2$

$12{,}5 = a \cdot 400$

$a = \frac{12{,}5}{400}$

$a = 0{,}03125$ als Dezimalzahl oder

$a = \frac{125}{4\,000} = \frac{5}{160} = \frac{1}{32}$ als gemeiner Bruch

Ergebnis:

$\underline{\underline{y = p(x) = \frac{1}{32} \cdot x^2}}$

c) Es sind 4 verschiedene Fahrzeugarten. Da von jeder Fahrzeugart mindestens 2 Fahrzeuge vorhanden sind, kann sowohl das erste als auch das zweite gezählte Fahrzeug eines der vier Arten sein:

$4 \cdot 4 = \underline{\underline{16}}$

d) *1. Möglichkeit:* Veranschaulichung im Baumdiagramm und Anwendung der Pfadregeln

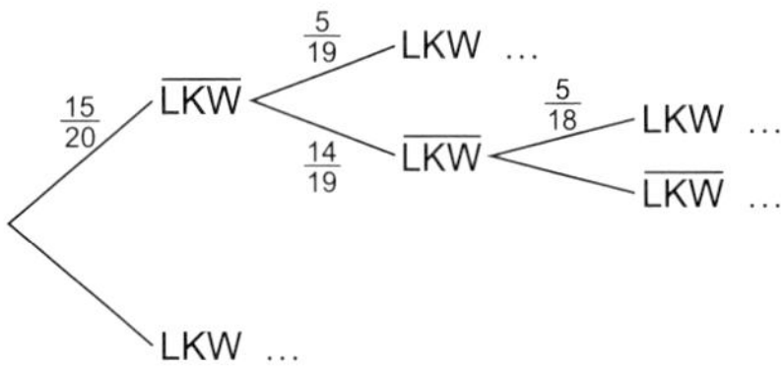

2 Pfade führen demnach zum Ziel.

$$P(A) = \underbrace{\frac{15}{20} \cdot \frac{5}{19}}_{\substack{\text{oberer} \\ \text{Pfad} \\ \text{2. LKW}}} + \underbrace{\frac{15}{20} \cdot \frac{14}{19} \cdot \frac{5}{18}}_{\substack{\text{Pfad darunter} \\ \text{3. LKW}}} = \underline{\underline{\frac{20}{57}}} \text{ oder } \underline{\underline{0{,}3509}} \approx \underline{\underline{35{,}1\,\%}}$$

2. Möglichkeit: Kombinatorik

zweites Fahrzeug ein LKW

erstes Fahrzeug kein LKW 15 Mögl.
zweites Fahrzeug ein LKW 5 Mögl.
$15 \cdot 5 = 75$ Mögl.

Für Ω gilt in diesem Fall:
$|\Omega| = 20 \cdot 19$

drittes Fahrzeug ein LKW

erstes Fahrzeug kein LKW 15 Mögl.
zweites Fahrzeug kein LKW 14 Mögl.
drittes Fahrzeug ein LKW 5 Mögl.
$15 \cdot 14 \cdot 5 = 1\,050$ Mögl.

Für Ω gilt in diesem Fall:
$|\Omega| = 20 \cdot 19 \cdot 18$

$$P(A) = \frac{75}{20 \cdot 19} + \frac{1\,050}{20 \cdot 19 \cdot 18} = \frac{20}{57}$$

Zentrale Prüfung 2019 in Mathematik am Ende der 10. Jahrgangsstufe – Gymnasium Brandenburg

Aufgabe 1: Basisaufgaben (hilfsmittelfrei) BE

a) Geben Sie die Größe des Winkels β an.

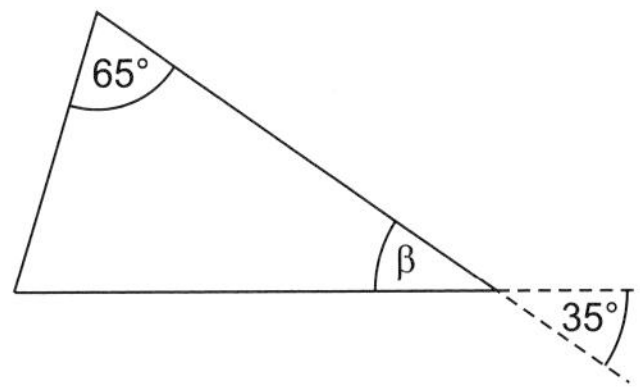

(Skizze nicht maßstabsgerecht) 1

b) Setzen Sie das richtige Relationszeichen (<, > oder =) ein.

0,06 m ☐ 60 cm 1

c) Kreuzen Sie den Anteil an, der der markierten Fläche entspricht.

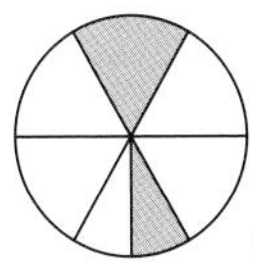

☐ $\frac{3}{7}$ ☐ $\frac{3}{5}$ ☐ $\frac{1}{4}$ ☐ $\frac{5}{7}$ 1

d) Berechnen Sie den Wert des Terms $\frac{a-b}{2a+b}$ für $a=4$ und $b=-3$. 1

e) Geben Sie eine Gleichung an, mit der man den Flächeninhalt der gesamten Fläche berechnen kann.

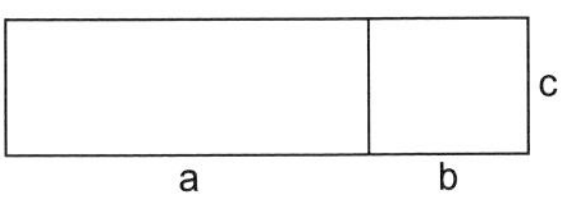

1

f) Kreuzen Sie den Term an, der sich nach Auflösen der Klammer des Terms $(2a-b)^2$ ergibt.

☐ $2a^2+4ab-b^2$ ☐ $4a^2-4ab+b^2$

☐ $2a^2-2ab+b^2$ ☐ $4a-2ab+b^2$ 1

g) Bei einem Zufallsexperiment wurden einem Gefäß Kugeln entnommen und das folgende Baumdiagramm angefertigt.

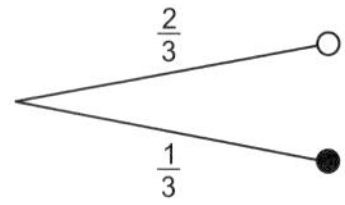

Ergänzen Sie die folgende Abbildung so, dass der Inhalt des Gefäßes vor Beginn des Zufallsversuches dargestellt wird.

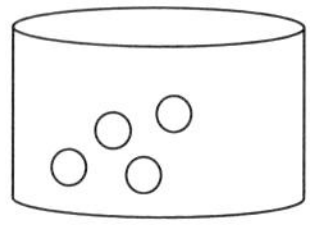

1

h) Geben Sie für den Winkel α eine trigonometrische Beziehung an.

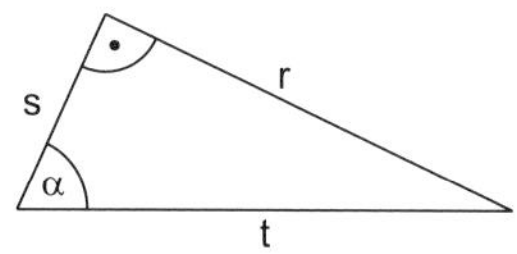

(Skizze nicht maßstabsgerecht) 1

i) Kreuzen Sie an, welche Funktionsgleichung zum abgebildeten Funktionsgraphen gehört.

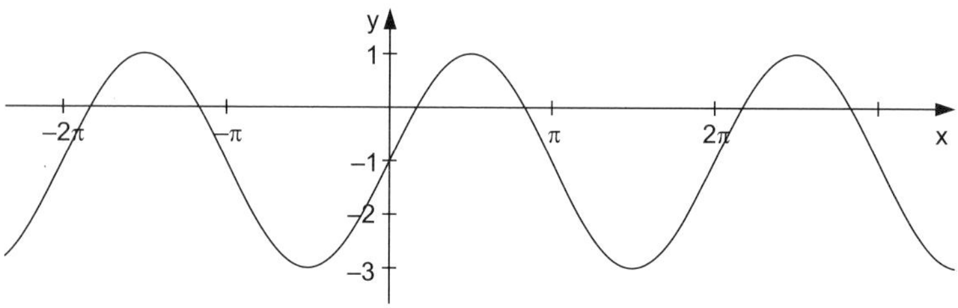

☐ $f(x) = 1\sin(x) - 1$

☐ $f(x) = 2\sin(x) - 1$

☐ $f(x) = -3\sin(2x) - 1$

☐ $f(x) = 2\sin(2x - 1)$ 1

j) Geben Sie $2{,}1 \cdot 10^{-4}$ ohne Zehnerpotenz an.

$2{,}1 \cdot 10^{-4} =$ ______________________ 1

10

Aufgabe 2: Quadratische Funktionen

Gegeben sind die Funktion f mit $f(x) = -x^2 + 7x - 7{,}25$ und der Punkt $P(6{,}5\,|\,-4)$.

a) Zeigen Sie, dass der Punkt $S(3{,}5\,|\,5)$ Scheitelpunkt des Graphen der Funktion f ist.
   Zeichnen Sie den Funktionsgraphen von f mindestens im Intervall $1 \leq x \leq 6$ in das vorgegebene Koordinatensystem ein.

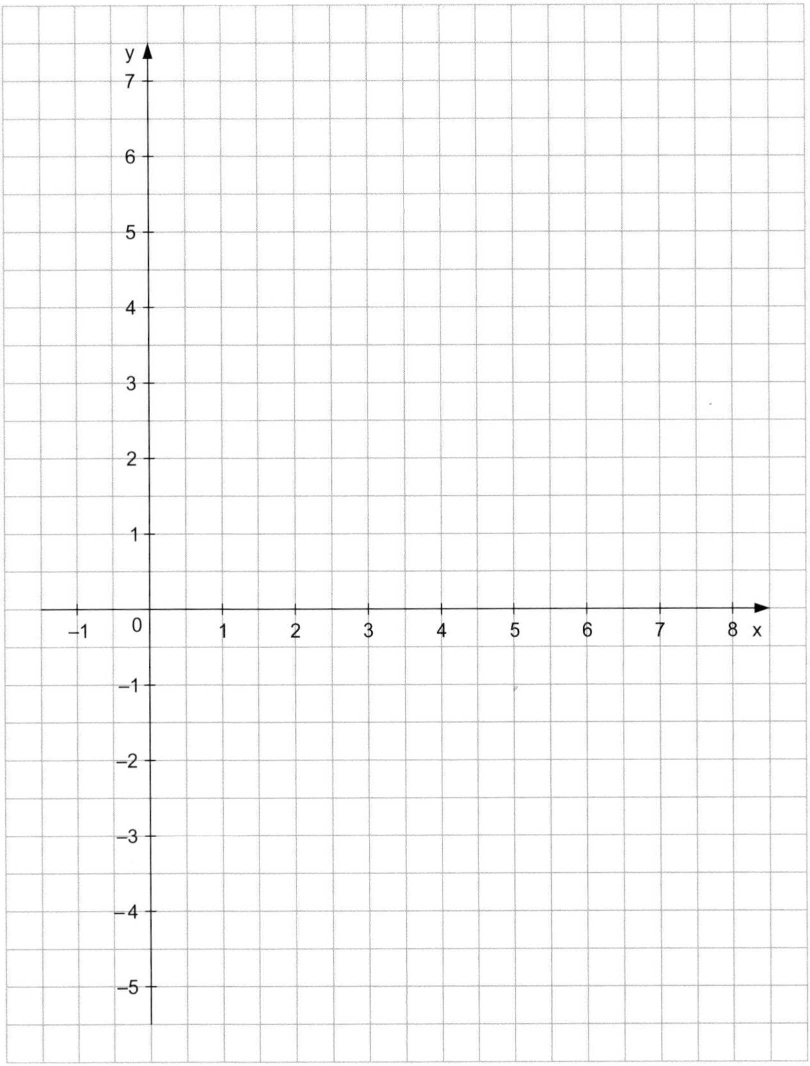

4

b) Die Parabel h hat die Funktionsgleichung $h(x) = x^2 - 3x - 2{,}75$.
Zeigen Sie, dass durch das Gleichsetzen der beiden Funktionsterme für die Parabeln f und h die Gleichung $0 = x^2 - 5x + 2{,}25$ entsteht.

Erläutern Sie mithilfe der Gleichung $0 = x^2 - 5x + 2{,}25$ eine geeignete Vorgehensweise zur Berechnung der Schnittpunkte der Parabeln f und h. 4

c) Der Punkt P, der Koordinatenursprung O und der Punkt $Q(0{,}5 \mid f(0{,}5))$ bilden ein Dreieck.
Berechnen Sie den Flächeninhalt dieses Dreiecks. 2

10

Aufgabe 3: Sonnensegel

Im Garten von Herrn Müller beschattet ein dreieckiges Sonnensegel die Spielfläche für die Kinder. Dieses soll erneuert werden. Das Sonnensegel muss Seitenlängen von 5 m, 4,5 m und 3,5 m haben, damit Herr Müller die vorhandenen Pfeiler wieder nutzen kann.

(Abbildung idealisiert und nicht maßstabsgerecht)

a) In einem Prospekt findet Herr Müller folgenden Werbeslogan:
„Wir fertigen Sonnensegel nach Ihren Maßen für nur 19,90 € pro Quadratmeter an."

Berechnen Sie die Fläche des Sonnensegels.

Geben Sie den Preis für das neue Sonnensegel an. 5

b) Herr Müller muss einen Pfeiler mit einem gespannten Seil stabilisieren.
Das eine Ende des Spannseils befestigt er in einer Höhe von 2,50 m am Pfeiler. Das andere Ende befestigt er am Boden im Abstand von 1,50 m vom Pfeiler. Um das Seil am Pfeiler und am Boden zu befestigen, benötigt er an jedem Seilende zusätzlich 25 cm.

Prüfen Sie rechnerisch, ob ein Seil mit einer Länge von 3,20 m ausreicht. 4

c) Unter dem Sonnensegel steht ein Planschbecken für die Kinder. Es ist zylinderförmig, hat eine Höhe von 30 cm und einen Innendurchmesser von 1,20 m.
Gerd und Paula wollen ihr Becken selbst mit Wasser befüllen. Gerd nutzt dafür einen Eimer mit fünf Liter Fassungsvermögen und Paula eine Gießkanne, in die zwei Liter passen. Gerd füllt zehn volle Eimer und Paula fünf volle Kannen ins Becken.

Berechnen Sie, wie hoch das Wasser im Planschbecken steht. 3

12

Aufgabe 4: Turm

Auf dem Marktplatz steht ein 13 Meter hoher Turm. Der Turm ist ein quaderförmiges Gebäude mit quadratischer Grundfläche. Das Dach ist pyramidenförmig. In allen vier Himmelsrichtungen ist jeweils ein kreisförmiges Fenster mit einem Durchmesser von 1,50 m eingebaut.

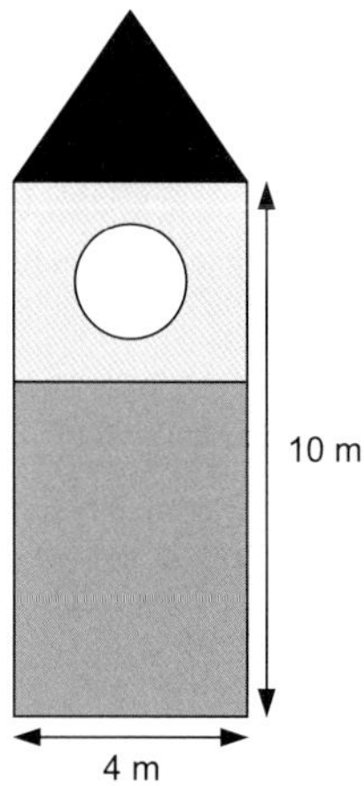

(Skizze nicht maßstabsgerecht)

a) Stellen Sie den Turm im Schrägbild dar. Geben Sie Ihren benutzten Maßstab an.
Hinweis: Die Fenster bleiben unberücksichtigt. 4

b) Die Dachfläche soll mit Ziegeln neu eingedeckt werden.
Berechnen Sie die Größe dieser Fläche. 3

c) Der quaderförmige Teil des Turmes besteht bis zu einer Höhe von sechs Metern aus Feldsteinen. Im darüber liegenden Teil befinden sich die kreisförmigen Fenster. Dieser Teil soll einen neuen Anstrich erhalten.
Es ist Farbe für eine Fläche von 60 Quadratmetern vorhanden.
Prüfen Sie, ob die vorhandene Farbe für die zu streichende Fläche des Turmes reicht. 3

10

Aufgabe 5: Tag der Verkehrserziehung

Der Projekttag zur Verkehrserziehung steht in diesem Jahr unter dem Motto: „Sicherer Schulweg“.

Alle Schüler der Klasse 10a wurden befragt, wie sie täglich zur Schule gelangen. Das Ergebnis ist in folgender Tabelle dargestellt:

Anzahl der Schüler	15	5	7
Verkehrsmittel	Bus	Fahrrad	zu Fuß

a) Fertigen Sie mithilfe der Daten ein Kreisdiagramm an. 3

b) Aus der Klasse 10a werden drei Schüler, die mit dem Fahrrad zur Schule kommen, zufällig ausgewählt. Ihre Fahrräder werden auf Verkehrssicherheit geprüft. Geben Sie die Anzahl der Möglichkeiten an, die drei Schüler auszuwählen. 1

c) An jedem Fahrrad wird geprüft, ob Licht, Reifen und Bremsen in Ordnung sind. Peter hat das folgende Baumdiagramm entwickelt.

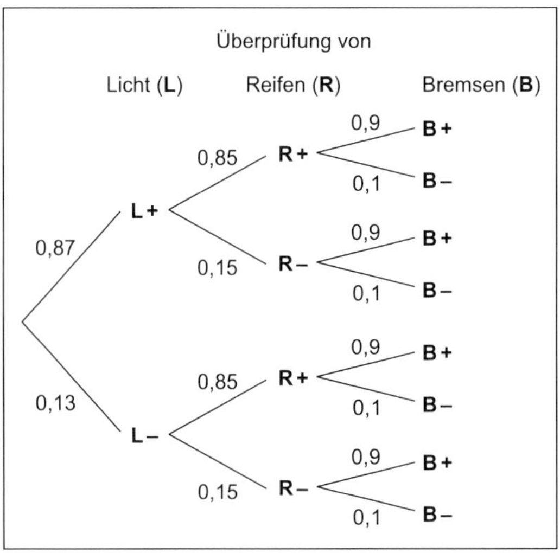

Die Kontrolle wurde
+ bestanden
– nicht bestanden

Geben Sie die Anzahl der Pfade für das folgende Ereignis an: „Mindestens zwei Kontrollen wurden bestanden“.

Berechnen Sie die Wahrscheinlichkeit dafür, dass alle drei Kontrollen bestanden wurden.

Beschreiben Sie das Ereignis, dessen Wahrscheinlichkeit mit folgendem Term berechnet wird: $P(A) = 0{,}13 \cdot 0{,}85 \cdot 0{,}9 + 0{,}87 \cdot 0{,}15 \cdot 0{,}9 + 0{,}87 \cdot 0{,}85 \cdot 0{,}1$. 4

8

Hinweise und Tipps

Aufgabe 2

a)

1. Möglichkeit:

- Bringen Sie die Funktionsgleichung in Scheitelpunktform.

2. Möglichkeit:

- Die Funktionsgleichung hat die Form $f(x) = ax^2 + bx + c$.
- Nach Zuordnung der Parameter a, b und c kann mit der Formel für den Scheitelpunkt im Tafelwerk dieser direkt angegeben werden.
- Zeichnen Sie den Scheitelpunkt im Koordinatensystem ein.
- Der Faktor vor dem quadratischen Glied sagt etwas über die Art der Öffnung der Parabel aus.
- Beachten Sie das vorgegebene Intervall.

b)

- Überlegen Sie sich ein Verfahren, mit dem die entstandene quadratische Gleichung gelöst werden kann, und beschreiben Sie dieses.
- Beachten Sie, dass lediglich nach der Vorgehensweise gefragt ist. Eine explizite Berechnung ist nicht gefordert.

c)

- Fertigen Sie eine Skizze des Sachverhalts an.
- Berechnen Sie f(0,5).
- Für den Flächeninhalt eines Dreiecks gilt: $A = \frac{1}{2} g \cdot h_g$

Aufgabe 3

a)

- Das Dreieck (Fläche des Sonnensegels) ist nicht rechtwinklig.

1. Möglichkeit:

- Verwenden Sie die HERON'sche Formel zur Bestimmung des Flächeninhalts.
- Schlagen Sie ggf. im Tafelwerk nach.

2. Möglichkeit:

- Berechnen Sie einen beliebigen Winkel im Dreieck mit dem Kosinussatz.
- Der Flächeninhalt kann dann mit $A = \frac{1}{2} b \cdot c \cdot \sin\alpha$ bestimmt werden.

b)

- Fertigen Sie eine Skizze an.
- Die gesuchte Länge ist die Hypotenuse eines rechtwinkligen Dreiecks.
- Diese lässt sich mithilfe des Satzes von Pythagoras berechnen.

c)

- Berechnen Sie zuerst die Wassermenge, die Gerd und Paula zusammen in das Planschbecken einfüllen.
- Für das Volumen eines Zylinders gilt: $V_Z = \pi r^2 \cdot h$
- Die Höhe des Planschbeckens wird für die Berechnung selbst nicht benötigt.

Aufgabe 4

a)

- Überlegen Sie sich einen geeigneten Maßstab, d. h. einen Maßstab, mit dem Sie die Zeichnung problemlos auf Ihrem Arbeitsblatt darstellen können.
- Fertigen Sie die Zeichnung z. B. im Maßstab 1 : 100 an.

b)

- Fertigen Sie eine Skizze an.
- Die zu berechnende Fläche setzt sich aus vier zueinander kongruenten Dreiecksflächen zusammen.
- Die Grundseite der Dreiecke beträgt 4 m.
- Die Höhe der Pyramide beträgt 3 m.
- Die Höhe eines dieser Dreiecke lässt sich über den Satz des Pythagoras mithilfe eines geeigneten Stützdreiecks berechnen.

c)

- Fertigen Sie eine Skizze an.
- Die Fläche, in der sich das kreisförmige Fenster befindet, ist ein Quadrat.
- Insgesamt gibt es vier solcher Flächen.

Aufgabe 5

a)

- Berechnen Sie die Gesamtzahl der Schüler.
- Geben Sie die Anteile der verschiedenen Verkehrsmittel an.
- Berechnen Sie mithilfe der Anteile (von 360°) die zugehörigen Winkelgrößen.

b)

- Man wählt drei Schüler aus fünf Fahrradfahrern aus.

1. Möglichkeit:

- Es handelt sich um eine Kombination ohne Wiederholung bzw. eine Stichprobe ohne Zurücklegen.
- Die zugehörige Formel kann im Tafelwerk nachgeschlagen werden.

2. Möglichkeit:

- Ordnen Sie den fünf Fahrradfahrern Bezeichnungen (z. B. Buchstaben) zu und schreiben Sie alle Kombinationsmöglichkeiten auf.

c)

- Identifizieren Sie im Baumdiagramm die Pfade, die zum Ereignis „Mindestens zwei Kontrollen wurden bestanden“ gehören.
- Identifizieren Sie im Baumdiagramm den Pfad, der zum Ereignis gehört, dass alle drei Kontrollen bestanden wurden.
- Entnehmen Sie dem Baumdiagramm die Einzelwahrscheinlichkeiten und berechnen Sie mithilfe der Pfadregeln die Gesamtwahrscheinlichkeit.
- Jeder Summand in der Gleichung ($P(A) = \ldots$) kann einem Ergebnis dieses Zufallsexperiments eindeutig zugeordnet werden.
- Ermitteln Sie die Ergebnisse dieses Zufallsexperiments, die zum Ereignis A führen, indem Sie diese den angegebenen Wahrscheinlichkeiten in der Gleichung und im Baumdiagramm zuordnen.

Lösung

1. a) β ist Scheitelwinkel zum Winkel der Größe 35°.

$\Rightarrow \underline{\underline{\beta = 35°}}$

b) 0,06 m = 6 cm
6 cm < 60 cm

$\Rightarrow \underline{\underline{0{,}06\text{ m} < 60\text{ cm}}}$

c) 3 von 12 kongruenten Teilflächen sind markiert:

$\frac{3}{12} = \frac{1}{4}$

$\Rightarrow$ ☒ $\underline{\underline{\frac{1}{4}}}$

d) $\frac{a-b}{2a+b} = \frac{4-(-3)}{2\cdot 4+(-3)} = \frac{4+3}{8-3} = \underline{\underline{\frac{7}{5}}}$

e) $A = (a+b)\cdot c = \underline{\underline{ac + bc}}$

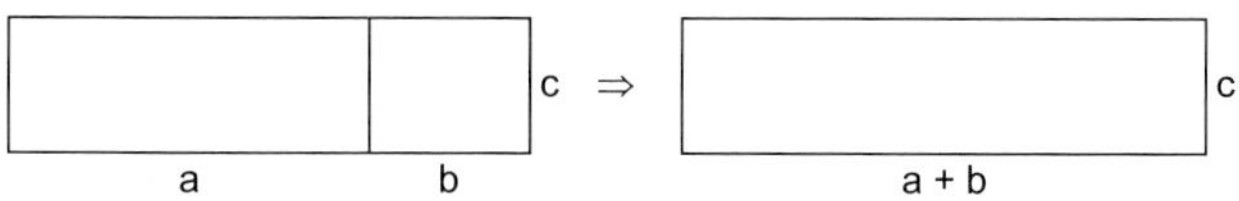

f) $(2a-b)^2 = 4a^2 - 4ab + b^2$ (binomische Formel)

$\Rightarrow$ ☒ $\underline{\underline{4a^2 - 4ab + b^2}}$

g) Das Baumdiagramm zeigt, dass genau einmal Kugeln entnommen wurden.
Es zeigt auch, dass doppelt so viele weiße wie schwarze Kugeln vorhanden waren, bevor man zog.

weiß: $\frac{4}{6} = \frac{2}{3}$

schwarz: $\frac{2}{6} = \frac{1}{3}$

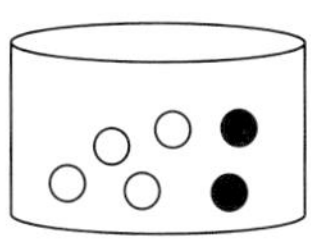

Weitere Möglichkeit:

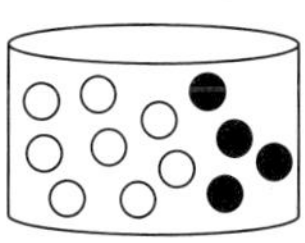

h) $\underline{\underline{\sin\alpha = \frac{GK}{H} = \frac{r}{t}}}$

oder

$\cos\alpha = \frac{AK}{H} = \frac{s}{t}$

oder

$\tan\alpha = \frac{GK}{AK} = \frac{r}{s}$

i) Allgemein gilt:
$f(x) = a \cdot \sin(bx - c) + d$
Zeichnet man zum Vergleich $g(x) = \sin(x)$ in die Abbildung ein, dann ergibt sich folgendes Bild:

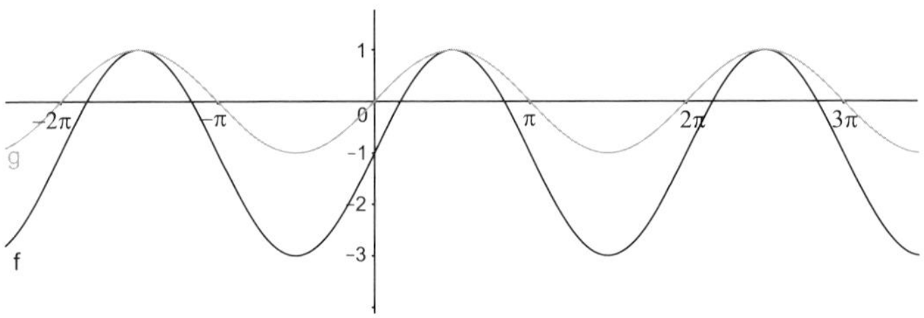

Man erkennt, dass f(x) um $d = -1$ entlang der y-Achse verschoben ist.
Die Periodenlänge ist für f(x) und g(x) gleich, d. h. $b = 1$ und $c = 0$.
$f(x) = a \cdot \sin(x) - 1$
Der Parameter a führt zu einer Streckung oder Stauchung der Sinusfunktion.
Aus der Abbildung lässt sich für g(x) entnehmen:
$y_{max} = 1; \quad y_{min} = -1$
$\Delta y = y_{max} - y_{min} = 1 - (-1) = 2$
Für f(x) gilt:
$y_{max} = 1; \quad y_{min} = -3$
$\Delta y = y_{max} - y_{min} = 1 - (-3) = 4$
Da $4 = 2 \cdot 2$, ist f(x) um den Faktor $a = 2$ gestreckt im Vergleich zu g(x).

$\Rightarrow$ ☒ $\underline{\underline{f(x) = 2\sin(x) - 1}}$

j) $2{,}1 \cdot 10^{-4} = 2{,}1 \cdot 0{,}0001 = \underline{\underline{0{,}00021}}$

2. a) *1. Möglichkeit:*

Allgemeine Form in Scheitelpunktform umwandeln:

$$\begin{aligned} f(x) &= -x^2 + 7x - 7{,}25 \\ &= -(x^2 - 7x + 7{,}25) \\ &= -((x - 3{,}5)^2 - 12{,}25 + 7{,}25) \\ &= -((x - 3{,}5)^2 - 5) \\ &= -(x - 3{,}5)^2 + 5 \end{aligned}$$

$\Rightarrow \underline{\underline{S(3{,}5 \mid 5)}}$

2. Möglichkeit:

$f(x) = -x^2 + 7x - 7{,}25$

Dies entspricht der allgemeinen Form einer quadratischen Gleichung mit folgenden Parameterwerten: $f(x) = ax^2 + bx + c$ mit $a = -1$, $b = 7$, $c = -7{,}25$

Allgemein hat der Scheitel von f(x) die Koordinaten (siehe Tafelwerk):

$$S\left(-\frac{b}{2a} \,\middle|\, \frac{4ac - b^2}{4a}\right)$$

Mit den obigen Werten erhält man:

$$S\left(-\frac{7}{2 \cdot (-1)} \,\middle|\, \frac{4 \cdot (-1) \cdot (-7{,}25) - 7^2}{4 \cdot (-1)}\right)$$

$$S\left(-\frac{7}{-2} \,\middle|\, \frac{29 - 49}{-4}\right)$$

$$S\left(3{,}5 \,\middle|\, \frac{-20}{-4}\right)$$

$\underline{\underline{S(3{,}5 \mid 5)}}$

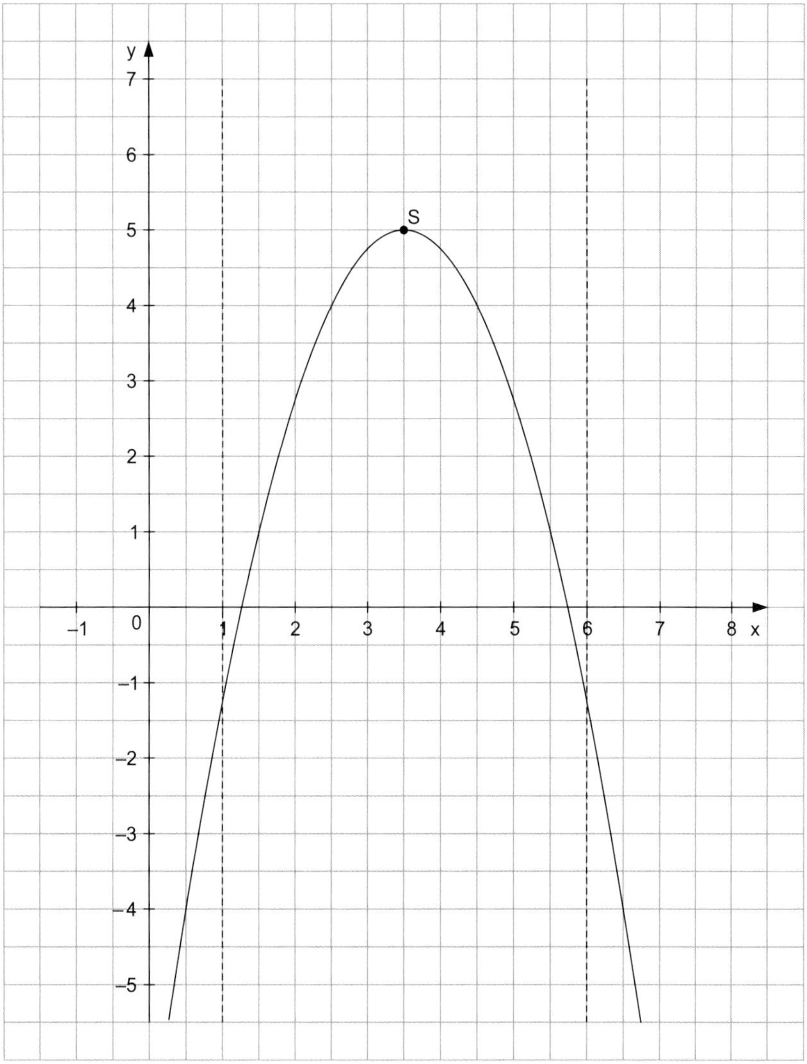

- Intervall bewusst machen
- Scheitelpunkt einzeichnen
- Da in $f(x) = ax^2 + bx + c$ $a < 0$, ist die Parabel nach unten geöffnet.
- Da $|a| = 1$, handelt es sich um eine Normalparabel.
- Der Graph kann die Intervallgrenzen überschreiten, da f(x) **mindestens** in [1; 6] zu zeichnen ist.

b) $$h(x) = f(x)$$

$$\begin{aligned}
x^2 - 3x - 2{,}75 &= -x^2 + 7x - 7{,}25 && \mid +x^2 \\
2x^2 - 3x - 2{,}75 &= 7x - 7{,}25 && \mid -7x \\
2x^2 - 10x - 2{,}75 &= -7{,}25 && \mid +7{,}25 \\
2x^2 - 10x + 4{,}5 &= 0 && \mid :2 \\
\underline{\underline{x^2 - 5x + 2{,}25}} &\underline{\underline{= 0}}
\end{aligned}$$

Der gesuchte Schnittpunkt S habe die Koordinaten $S(x \mid y)$.
Die Lösung der Gleichung liefert alle möglichen Werte für x.
Man löst die Gleichung mithilfe der Lösungsformel für quadratische Gleichungen in Normalform.
Den Wert von y ermittelt man durch Berechnen des Funktionswertes von x mittels h(x) oder f(x). Zur Kontrolle kann man noch den Funktionswert von x der jeweils anderen Parabel bestimmen, denn es muss gelten:
$y = h(x) = f(x)$

c) Eckpunkte des Dreiecks: $O(0 \mid 0)$, $P(6{,}5 \mid -4)$, $Q(0{,}5 \mid f(0{,}5))$

$$\begin{aligned}
f(0{,}5) &= -(0{,}5)^2 + 7 \cdot 0{,}5 - 7{,}25 \\
&= -0{,}25 + 3{,}5 - 7{,}25 = -4
\end{aligned}$$

$$\begin{aligned}
A &= \frac{1}{2} g \cdot h_g \\
&= \frac{1}{2} \cdot (6{,}5 - 0{,}5) \cdot 4 \\
&= \frac{1}{2} \cdot 6 \cdot 4 = 12
\end{aligned}$$

Skizze:

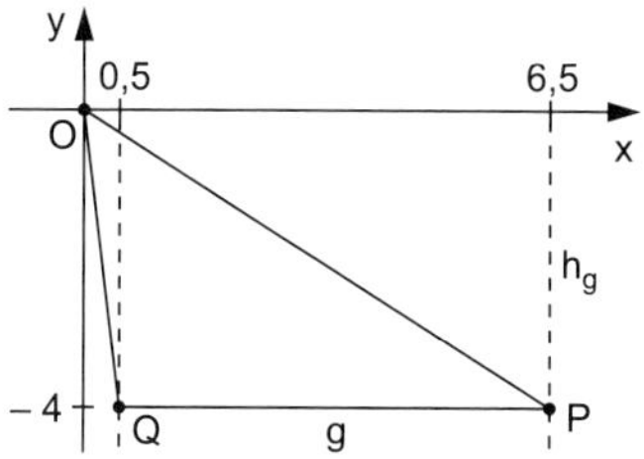

Der Flächeninhalt beträgt $\underline{\underline{12\ \text{FE}}}$.

3. a) Da $3{,}5^2 + 4{,}5^2 = 32{,}5 \neq 25 = 5^2$, ist das Dreieck nicht rechtwinklig.

1. Möglichkeit:
Es gilt für ein beliebiges Dreieck mit den Seitenlängen a, b, c die HERON'sche Formel, die man dem Tafelwerk entnehmen kann:

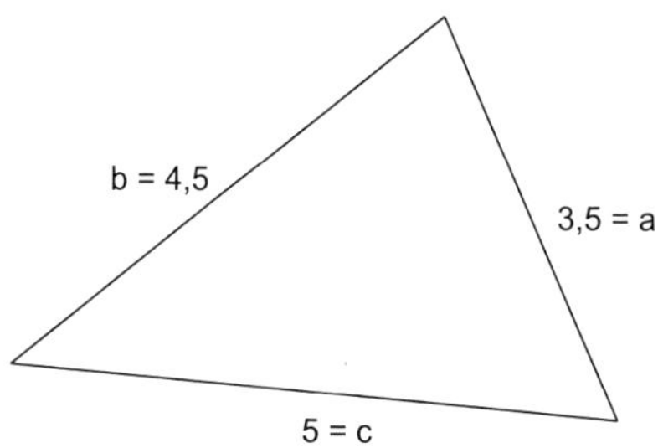

$$A = \sqrt{s \cdot (s-a) \cdot (s-b) \cdot (s-c)}$$

Mit $s = \frac{u}{2}$ und $u = a + b + c$ folgt:

$$s = \frac{3{,}5 + 4{,}5 + 5}{2} = \frac{13}{2} = 6{,}5$$

$$\begin{aligned}
A &= \sqrt{6{,}5 \cdot (6{,}5 - 3{,}5) \cdot (6{,}5 - 4{,}5) \cdot (6{,}5 - 5)} \\
&= \sqrt{6{,}5 \cdot 3 \cdot 2 \cdot 1{,}5} = \sqrt{58{,}5} \approx 7{,}65
\end{aligned}$$

Das Sonnensegel hat eine Fläche von rund $\underline{\underline{7{,}65\ \text{m}^2}}$.

2. Möglichkeit:
Man berechnet einen Innenwinkel des Dreiecks mithilfe des Kosinussatzes.
Es gilt:

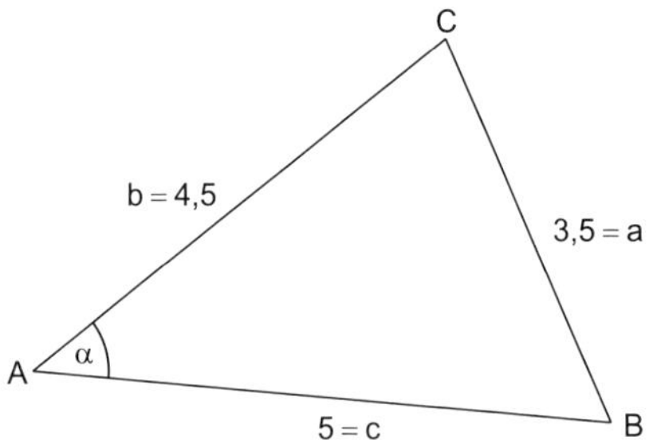

$$a^2 = b^2 + c^2 - 2bc\cos\alpha$$

$$2bc\cos\alpha = b^2 + c^2 - a^2$$

$$\cos\alpha = \frac{b^2 + c^2 - a^2}{2bc}$$

$$\alpha = \cos^{-1}\frac{b^2 + c^2 - a^2}{2bc}$$

$$\alpha = \cos^{-1}\frac{4{,}5^2 + 5^2 - 3{,}5^2}{2 \cdot 4{,}5 \cdot 5}$$

$$\alpha = \cos^{-1}\frac{33}{45}$$

$$\alpha \approx 42{,}83°$$

Für die Dreiecksfläche gilt:

$$A = \frac{1}{2} b \cdot c \cdot \sin\alpha$$

$$A \approx \frac{1}{2} \cdot 4{,}5 \cdot 5 \cdot \sin 42{,}83°$$

$$A \approx 7{,}65$$

Das Sonnensegel hat eine Fläche von rund $\underline{\underline{7{,}65\ m^2}}$.

Es gilt:
Preis = Fläche · (Preis pro Quadratmeter)

$$\approx 7{,}65\ \cancel{m^2} \cdot 19{,}90\ \frac{€}{\cancel{m^2}} \approx 152{,}24\ €$$

Das neue Sonnensegel kostet ungefähr $\underline{\underline{152{,}24\ €}}$.

b) Da es ein rechtwinkliges Dreieck ist, lässt sich der Satz des Pythagoras anwenden.

$\ell_1 = \sqrt{(2{,}5\text{ m})^2 + (1{,}5\text{ m})^2} = \sqrt{8{,}5\text{ m}^2}$

$\approx 2{,}92\text{ m}$

An den beiden Seilenden werden noch 0,25 m zusätzlich benötigt.

$\ell = \ell_1 + 2 \cdot 0{,}25\text{ m} \approx 2{,}92\text{ m} + 0{,}5\text{ m}$

$= 3{,}42\text{ m}$

$3{,}42\text{ m} > 3{,}20\text{ m}$

Das Seil reicht nicht aus.

Skizze:

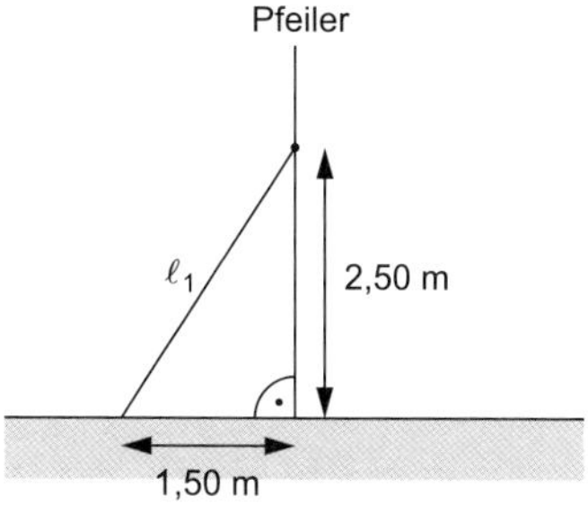

c) Volumen V_1 des eingefüllten Wassers berechnen:

$V_1 = 10 \cdot 5\ \ell + 5 \cdot 2\ \ell = 50\ \ell + 10\ \ell = 60\ \ell = 60\text{ dm}^3$

Volumen V_Z des Zylinders (Planschbecken):

$V_Z = \pi \cdot r^2 \cdot h$

Höhe eines Zylinders mit dem Volumen $V_1 = 60\text{ dm}^3$ und dem Radius $r = \frac{12\text{ dm}}{2} = 6\text{ dm}$:

$V_1 = \pi \cdot r^2 \cdot h$

$h = \frac{V_1}{\pi \cdot r^2} = \frac{60\text{ dm}^3}{\pi \cdot (6\text{ dm})^2} \approx 0{,}53\text{ dm}$

Vergleich mit der Höhe des Planschbeckens:

$5{,}3\text{ cm} < 30\text{ cm}$

Das Planschbecken „läuft" also nicht über.

Das Wasser steht im Planschbecken 5,3 cm hoch.

4. a)

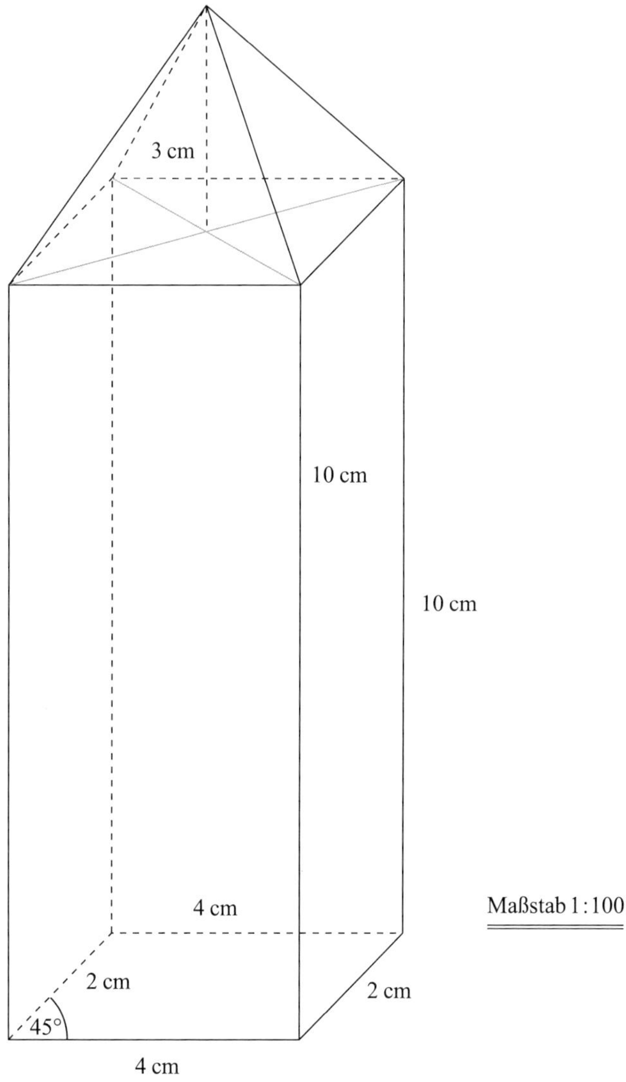

Hinweis: Bei Schrägbilddarstellung sind die in Realität senkrecht zur Bildebene verlaufenden Kanten um die Hälfte verkürzt (2 cm) und sie verlaufen im 45°-Winkel zu den in der Bildebene liegenden Kanten.

b) Die Pyramidenhöhe beträgt:
$13\text{ m} - 10\text{ m} = 3\text{ m}$

Die Dachfläche lässt sich in vier kongruente Dreiecke zerlegen. Da das Dreieck MES zur Bestimmung der Höhe h rechtwinklig ist, kann man den Satz des Pythagoras anwenden.

$h = \sqrt{(3\text{ m})^2 + (2\text{ m})^2} \approx 3{,}61\text{ m}$

Die Grundseite des Dreiecks BCS entspricht der Seitenlänge der quadratischen Grundfläche:

$A_{\Delta BCS} = \frac{1}{2} g \cdot h \approx \frac{1}{2} \cdot 4\text{ m} \cdot 3{,}61\text{ m}$

$\approx 7{,}22\text{ m}^2$

Skizze: Dach

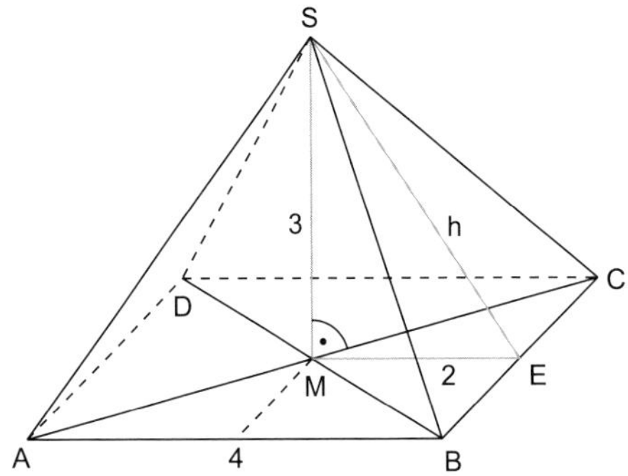

$A_{gesamt} = 4 \cdot A_{\Delta BCS} \approx 4 \cdot 7{,}22\text{ m}^2 \approx 28{,}88\text{ m}^2$

Die Dachfläche ist ungefähr $\underline{\underline{28{,}88\text{ m}^2}}$ groß.

c) Wie aus der Skizze ersichtlich, ist die Wandfläche, in der sich das Fenster befindet, ein Quadrat.

$A_{Qu} = a^2 = 4^2 = 16$

Fensterfläche:

$A_{Kreis} = \pi \cdot r^2 = \pi \cdot \left(\frac{1{,}5}{2}\right)^2 \approx 1{,}77$

$A = A_{Qu} - A_{Kreis} \approx 16 - 1{,}77 \approx 14{,}23$

Fläche für den oberen Turmteil:
$A_{ges} = 4 \cdot A \approx 4 \cdot 14{,}23 \approx 56{,}92$

Skizze:

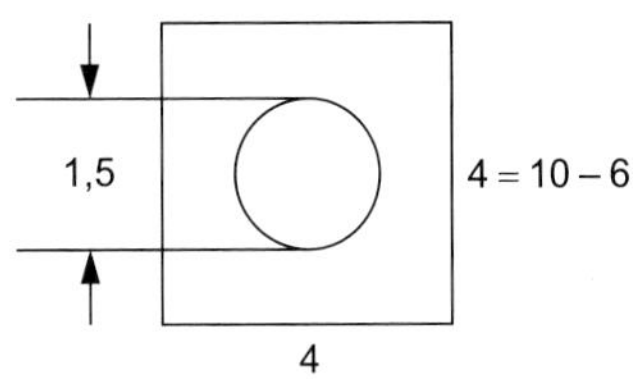

Die Anstrichfläche beträgt rund 56,92 m². Die Farbe $\underline{\underline{\text{reicht}}}$, da $56{,}92\text{ m}^2 < 60\text{ m}^2$.

5. a) Gesamtzahl der Schüler:
$15 + 5 + 7 = 27$

Bus: $\frac{15}{27}$; $\alpha = \frac{15}{27} \cdot 360° = 200°$

Fahrrad: $\frac{5}{27}$; $\beta = \frac{5}{27} \cdot 360° \approx 66{,}7°$

zu Fuß: $\frac{7}{27}$; $\gamma = \frac{7}{27} \cdot 360° \approx 93{,}3°$

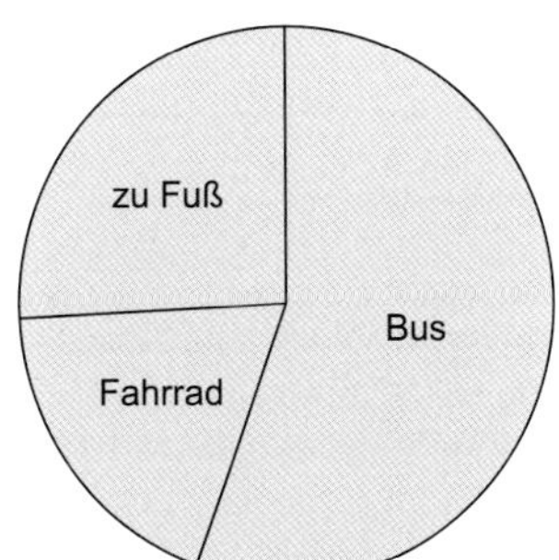

b) *1. Möglichkeit:*
Es handelt sich um folgende Anordnung: Kombination ohne Wiederholung bzw. eine Stichprobe ohne Zurücklegen

Die Formel entnimmt man dem Tafelwerk: $C_n^k = \binom{n}{k}$

Man wählt drei Schüler (k = 3) aus fünf Fahrradfahrern (n = 5) aus.

$C_5^3 = \binom{5}{3} = \underline{\underline{10}}$

2. Möglichkeit:
Die Fahrradfahrer heißen A, B, C, D, E. Man notiert die systematische Auswahl von 3 der 5 Fahrradfahrer der 10 a:

ABC	BCD	CDE
ABD	BCE	
ABE	BDE	
ACD		
ACE		
ADE		

Es gibt $\underline{\underline{10}}$ Möglichkeiten, 3 Schüler auszuwählen.

c) 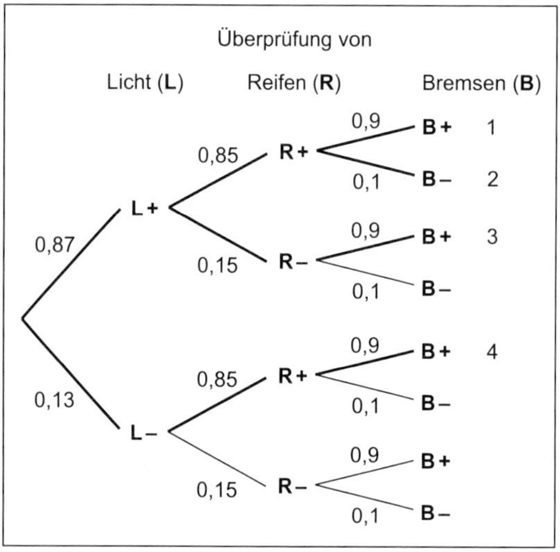

Anzahl: 4

Man liest die Pfade mit der geforderten Eigenschaft aus dem Baumdiagramm ab:
L^+R^+; L^+B^+; R^+B^+; $L^+R^+B^+$

Für die Wahrscheinlichkeit, dass alle drei Kontrollen bestanden wurden, erhält man entsprechend dem Baumdiagramm:

$P(L^+R^+B^+) = 0,87 \cdot 0,85 \cdot 0,9 \approx \underline{\underline{0,666}}$

Folgende Zuordnung kann dem Baumdiagramm entnommen werden:

$P(A) = 0{,}13 \cdot 0{,}85 \cdot 0{,}9 + 0{,}87 \cdot 0{,}15 \cdot 0{,}9 + 0{,}87 \cdot 0{,}85 \cdot 0{,}1$

$P(A) = P(L^-) \cdot P(R^+) \cdot P(B^+) + P(L^+) \cdot P(R^-) \cdot P(B^+) + P(L^+) \cdot P(R^+) \cdot P(B^-)$

Daraus ergibt sich das Ereignis $A = \{L^-R^+B^+;\ L^+R^-B^+;\ L^+R^+B^-\}$.

Das Gemeinsame aller 3 Ergebnisse, die zum Ereignis A führen, ist:
„Es wurden genau 2 Prüfungen bestanden."

oder:

„Es wurde genau 1 Prüfung nicht bestanden."

Aufgaben zum hilfsmittelfreien Teil

Aufgabe 1 BE

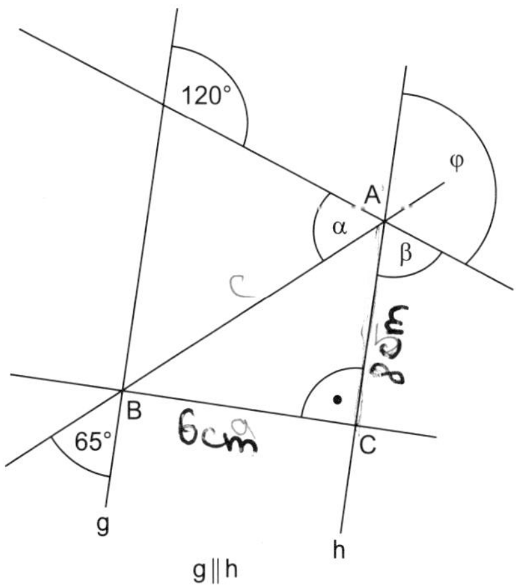

(Skizze nicht maßstabsgerecht)

1.1 Für das rechtwinklige Dreieck ABC in der Abbildung oben gilt:
$|\overline{BC}| = 6\text{ cm}$ und $|\overline{AC}| = 8\text{ cm}$

Ermitteln Sie die Länge der Hypotenuse des Dreiecks ABC. 2

1.2 Geben Sie die Größen der Winkel α, β und φ an. 3

5

Aufgabe 2

2.1 Die Punkte $P_1(x_1\,|\,23)$ und $P_2(x_2\,|\,23)$ liegen auf dem Graphen der quadratischen Funktion f mit $f(x) = x^2 - 2$.

Geben Sie die Werte für x_1 und x_2 an. 2

2.2 Begründen Sie, dass die Graphen der Funktionen f und h mit $f(x) = x^2 - 2$ und $h(x) = -x^2 - 3$ keine gemeinsamen Schnittpunkte besitzen. 3

5

Aufgabe 3: Funktionen

Gegeben ist der Graph einer Funktion g der Form $g(x) = \sqrt[n]{x}$.
Der Punkt P(8 | 2) liegt auf dem Graphen g.

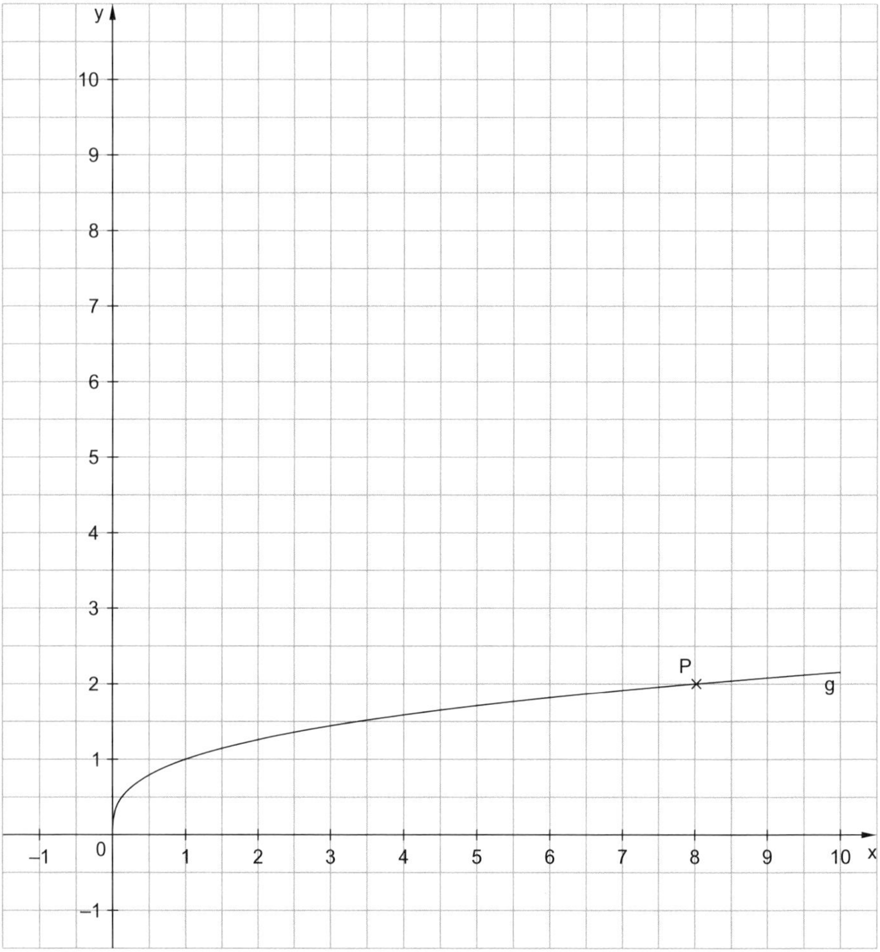

a) Ermitteln Sie n und geben Sie die Funktionsgleichung von g an. 3

b) Durch Spiegelung des Graphen von g im 1. Quadranten an der Geraden $y = x$ erhält man den Graphen der Funktion g'.

- Skizzieren Sie den Graphen von g' im Intervall [0; 2] in dem gegebenen Koordinatensystem.
- Geben Sie den Wertebereich für die Funktion g' im Intervall [0; 2] an. 4

c) Der Punkt P ist Punkt einer linearen Funktion h mit $h(x) = mx - 2$.

Berechnen Sie den Anstieg der Funktion h.

Geben Sie die Nullstelle von h an. 3

10

Aufgabe 4: Seilbahn

Die abgebildete Seilbahn dient zur Beförderung von Lasten.

Sie besteht aus den beiden Teilabschnitten $\overline{TZ}$ und $\overline{ZB}$, die eine unterschiedliche Neigung besitzen.

In der Tabelle sind einige wichtige Daten zusammengefasst.

Seilbahn	
Talstation	670 m über dem Meeresspiegel
Bergstation	1 250 m über dem Meeresspiegel
Horizontale Entfernung	514 m
Maximale Steigung	150 %

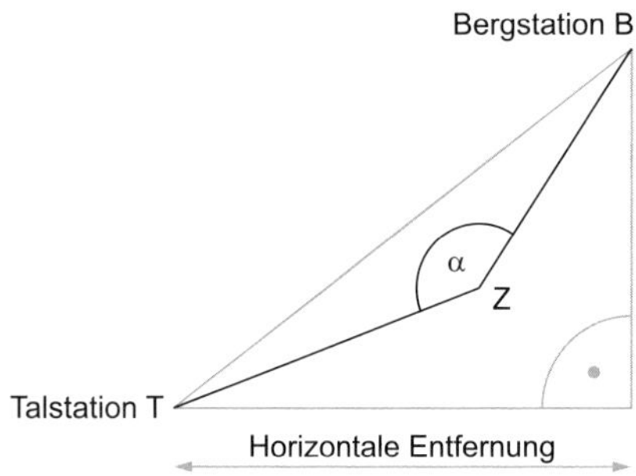

(Skizze nicht maßstabsgerecht)

a) Geben Sie den Höhenunterschied an, der durch die Seilbahn überwunden wird. 1

b) Berechnen Sie zur maximalen Steigung der Seilbahn den zugehörigen Steigungswinkel.

Hinweis: Eine Steigung von 1 % bedeutet, dass auf 100 m horizontale Entfernung ein Höhenunterschied von 1 m überwunden wird. 2

c) Die direkte Verbindung $\overline{TB}$ zwischen Tal- und Bergstation beträgt 775 m. Die Seilbahn hat eine Gesamtlänge von 945 m. Der Teilabschnitt $\overline{TZ}$ ist 510 m lang.

Berechnen Sie den Winkel α, den die beiden Teilabschnitte $\overline{TZ}$ und $\overline{ZB}$ einschließen. 3

d) Mit der Seilbahn sollen Holzstämme unter Beachtung der maximalen Nutzlast von 250 kg ins Tal transportiert werden. Jeder Holzstamm hat eine Länge von 2 m und einen Durchmesser von 20 cm. Ein Kubikmeter Holz wiegt 1,3 t.

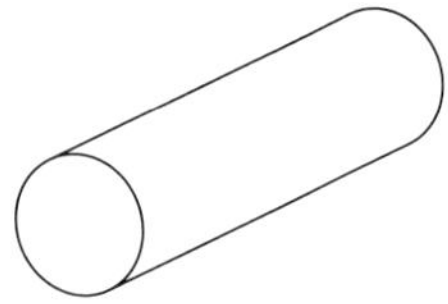

Zeigen Sie rechnerisch, dass gleichzeitig maximal drei Stämme transportiert werden können. $\frac{5}{\mathbf{11}}$

Aufgabe 5: Verpackung

Das nebenstehende Bild zeigt eine Verpackung für Schokokugeln.

Die Verpackung hat die Form eines Prismas.

Gegeben ist das Körpernetz des Prismas im Maßstab 1 : 3.

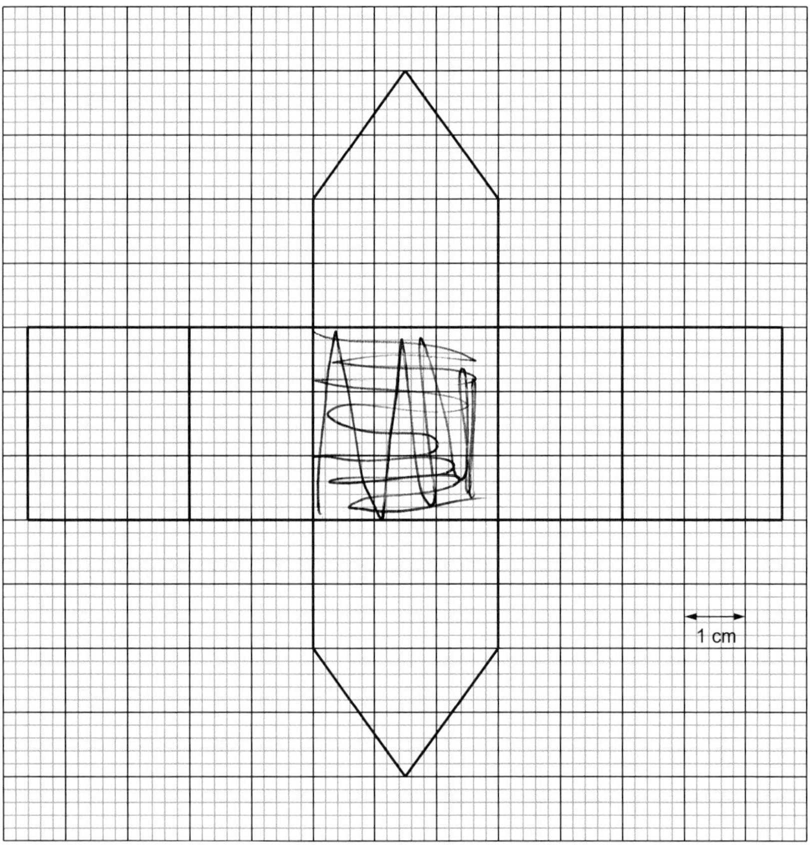

a) Kennzeichnen Sie eine Fläche im dargestellten Körpernetz, die Grundfläche des Prismas sein kann. 1

b) Berechnen Sie das Volumen der Verpackung. 3

c) Zeichnen Sie ein Schrägbild des Körpers. 3

d) Auf dem Boden der Verpackung liegen 16 Schokokugeln, wie in der Abbildung gezeigt, nebeneinander.

Berechnen Sie das maximal mögliche Volumen einer Schokokugel. $\frac{3}{\mathbf{10}}$

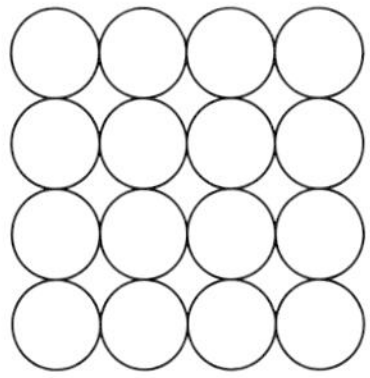

Aufgabe 6: Handballtraining

An einem Nachmittag nehmen 20 Sportler am Handballtraining teil.

a) Zum Trainingsbeginn begrüßt der Trainer jeden Sportler mit Handschlag. Ebenso begrüßen sich die 20 Sportler auch untereinander.

Ermitteln Sie die Anzahl der Handschläge. 2

b) Alle Trainingsshirts befinden sich in einer großen Kiste, je sechs rote, gelbe, blaue und grüne. Trainiert wird heute in vier gleich großen Gruppen. Der erste Mannschaftskapitän greift ohne hinzusehen fünf Shirts gleichzeitig.

Bestimmen Sie die Wahrscheinlichkeit dafür, dass alle Shirts rot sind. 2

c) Zwei Gruppen trainieren das 7-Meter-Werfen.
Jeder Spieler wirft fünfmal auf das Tor.

Der Trainer notiert die Anzahl der Treffer folgendermaßen:
3; 5; 4; 3; 3; 5; 1; 2; 4; 3

Geben Sie die Spannweite an.

Geben Sie den Modalwert an und interpretieren Sie diesen Wert im Sachzusammenhang.

Stellen Sie für den oben beschriebenen Sachverhalt die Anzahl der Treffer in einem Kreisdiagramm dar. $\frac{5}{\mathbf{9}}$

Hinweise und Tipps

Aufgabe 3

a)

- Stellen Sie mithilfe von P(8 | 2) und der Funktionsgleichung von g eine Gleichung zum Ermitteln von n auf.

b)

- Spiegeln Sie zunächst einige ausgesuchte Punkte (z. B. mit ganzzahligen Koordinaten) an der Geraden.
- Was geben Definitions- und Wertebereich an?

c)

- Was ist der Anstieg einer linearen Funktion?
- Stellen Sie mithilfe von P(8 | 2) und der Funktionsgleichung von h eine Gleichung zum Ermitteln von m auf.
- Die Nullstelle einer Funktion hat die y-Koordinate 0.

Aufgabe 4

a)

- Sie können den Höhenunterschied als Differenz zweier Werte aus der Tabelle berechnen.

b)

- Beachten Sie den gegebenen Hinweis in der Aufgabenstellung.
- Was ist der Steigungswinkel? Skizzieren Sie dazu ein rechtwinkliges Dreieck und benutzen Sie eine geeignete Winkelbeziehung im rechtwinkligen Dreieck.

c)

- Welche Sätze zum Berechnen allgemeiner Dreiecke gibt es?
(Achtung: Nicht mit rechtwinkligen Dreiecken verwechseln!)
- Überlegen Sie mithilfe einer Skizze, welche Stücke gegeben sind.
- Welcher Satz lässt sich anwenden?

d)

- Entscheiden Sie, um welche Art von Körper es sich bei einem Holzstamm handelt, und ordnen Sie die gegebenen Größen zu.
- Wie berechnet sich das Volumen dieses Körpers?
- Achten Sie auf den richtigen Umgang mit den Einheiten.
- Zur Berechnung der Masse eines Stamms können Sie den Dreisatz benutzen.

Aufgabe 5

a)

- Wie erkennt man Prismen und wie lassen sich Grund- und Deckfläche zuordnen?
- Die Verpackung steht im Foto nicht auf der Grundfläche des Prismas.

b)

- Wie lässt sich das Volumen eines Prismas berechnen?
- Zerlegen Sie die Grundfläche des Prismas in einfachere Flächenstücke und berechnen Sie jeweils deren Flächeninhalt.
- Beachten Sie den Maßstab.

c)

- Was sind Kanten in Tiefenrichtung?
- Was passiert mit diesen in der Darstellung des Schrägbildes?

d)

- Sehen Sie sich die Zeichnung an und entscheiden Sie, wie viele Kugeln auf den Verpackungsboden in einer Reihe nebeneinander passen.
- Mithilfe dieser Kugelanzahl und der Seitenlänge des Bodens können Sie den Kugeldurchmesser berechnen.

Aufgabe 6

a)

- Sie können den Handschlag zweier Personen durch das Ziehen zweier Kugeln aus einer Urne ohne Zurücklegen und ohne Berücksichtigung der Reihenfolge modellieren.
- Die Gesamtanzahl der Kugeln in der Urne entspricht der Sportleranzahl plus dem Trainer.

b)

- Sie können die gesuchte Wahrscheinlichkeit als klassische Wahrscheinlichkeit berechnen:

$$P(E) = \frac{|E|}{|\Omega|} \quad \text{(Laplace)}$$

- Beim ersten Ziehen sind 6 rote Shirts in der Kiste, beim zweiten 5 usw.
- Das Produkt dieser Anzahlen ist die Anzahl $|E|$ der günstigen Möglichkeiten in der Laplace-Formel.
- Alternativ können Sie ein Baumdiagramm benutzen (muss nur im Ansatz gezeichnet werden) und die Pfadregeln anwenden.

c)

- Schlagen Sie die Begriffe „Spannweite“ und „Modalwert“ in der Formelsammlung nach.
- Berechnen Sie mithilfe der Häufigkeit der jeweiligen Trefferanzahl den zugehörigen Winkel im Kreisdiagramm. Eine Häufigkeit von 10 entspricht 360°.

Lösung

1.1 Im rechtwinkligen Dreieck ABC sind die gegebenen Seiten $\overline{BC}$ und $\overline{AC}$ Katheten. Gesucht ist die Hypotenusenlänge – ein Fall für den Satz des Pythagoras:

$|\overline{AB}|^2 = |\overline{BC}|^2 + |\overline{AC}|^2$

Einsetzen der gegebenen Kathetenlängen ergibt:

$|\overline{AB}|^2 = 6^2\ cm^2 + 8^2\ cm^2 = 36\ cm^2 + 64\ cm^2 = 100\ cm^2$

Wurzel ziehen:

$\underline{\underline{|\overline{AB}| = 10\ cm}}$

1.2 Hier gilt es, zunächst die Struktur der gegebenen Figur zu erkennen und dann die zugehörigen Winkelarten. Die Parallelen g und h werden von drei weiteren Geraden geschnitten.

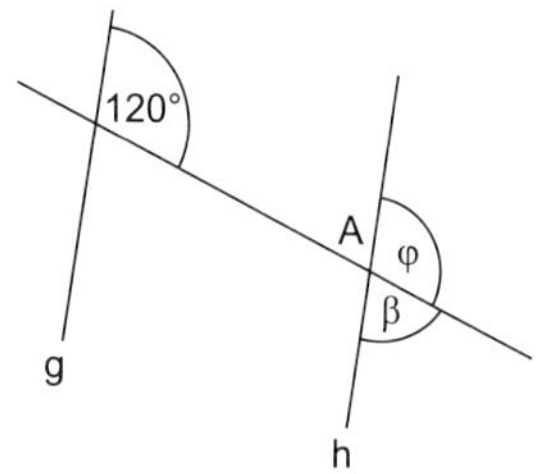

Bestimmen von φ:
Die Parallelen g und h werden von der oberen Geraden (durch den Punkt A) geschnitten.
Man erkennt zunächst, dass der gegebene Winkel der Größe 120° und der gesuchte Winkel φ Stufenwinkel bilden, die an geschnittenen Parallelen je gleich groß sind.
Deshalb ist $\varphi = 120°$ das erste Ergebnis.

Bestimmen von β:
Der Winkel β ist zu φ ein Nebenwinkel, beide zusammen ergeben einen gestreckten Winkel (was in der Zeichnung auch erkennbar ist), also $\beta + \varphi = 180°$.
Da $\varphi = 120°$ ist, muss dann $\beta = 60°$ sein, unser zweites Ergebnis.

Bestimmen von α:
Hierfür gibt es verschiedene Wege. Es sollen zwei dargestellt werden.

1. Möglichkeit:
Zur Beschreibung der Figur werden weitere Geraden und Winkel bezeichnet:
- Geraden a und b (schneiden die Parallelen g und h)
- Winkel γ

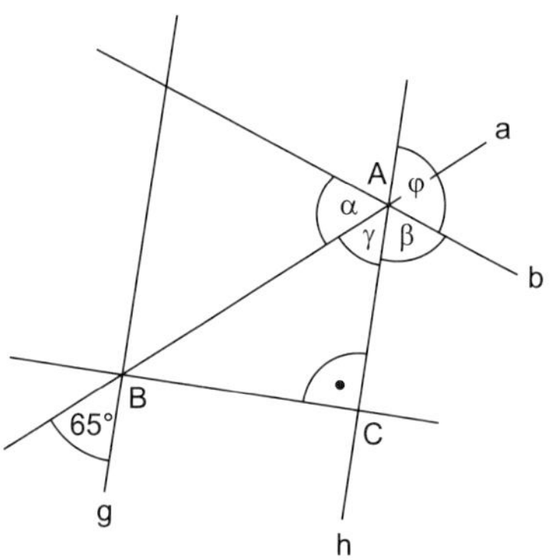

Nun ist zu sehen, dass der Winkel γ und der gegebene Winkel von 65° zueinander Stufenwinkel an den geschnittenen Parallelen g und h sind.
Somit haben beide dieselbe Größe, also $\gamma = 65°$.

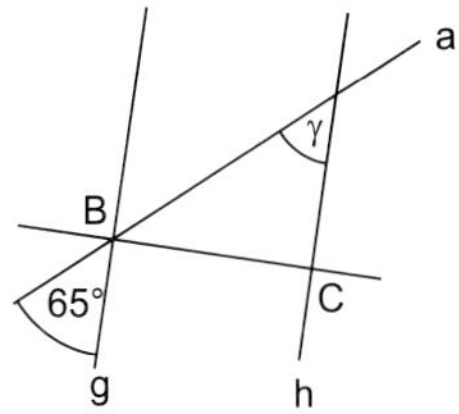

Da α, β und γ an der Geraden b liegen und zusammen einen gestreckten Winkel bilden, gilt $\alpha + \beta + \gamma = 180°$.
Bekannt sind $\beta = 60°$ und $\gamma = 65°$, dann wird eingesetzt:

$$\alpha + 60° + 65° = 180°$$
$$\alpha = 180° - 60° - 65°$$
$$\alpha = 55°$$

2. Möglichkeit: Bezeichnung der Winkel δ und ε
Der Winkel δ ist zum 65°-Winkel ein Scheitelwinkel und hat somit auch die Größe 65°.

Der Winkel ε ist zu 120° ein Nebenwinkel. Somit gilt $\varepsilon = 60°$, da die Summe zweier Nebenwinkel zusammen 180° ergibt.

Jetzt ist zu erkennen, dass α, δ und ε Innenwinkel eines Dreiecks sind und somit zusammen 180° ergeben: $\alpha + \delta + \varepsilon = 180°$

Einsetzen:

$$\alpha + 65° + 60° = 180°$$
$$\alpha = 55°$$

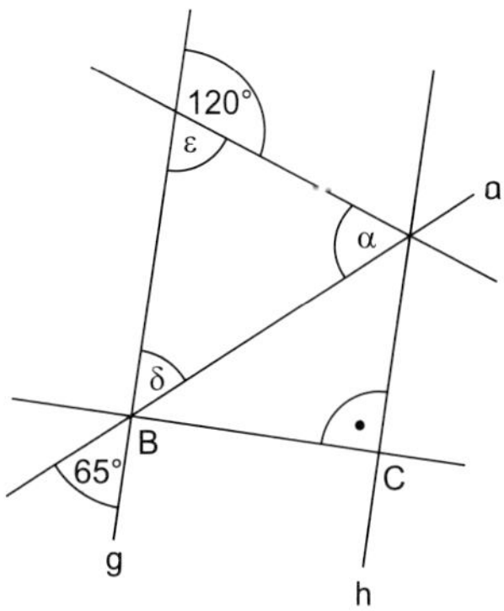

Zusammenfassung der Ergebnisse: $\alpha = 55°$; $\beta = 60°$; $\varphi = 120°$

2.1 Von zwei Punkten P_1 und P_2 sind die Funktionswerte (also die y-Werte) gegeben und die Argumente (also die x-Werte) gesucht. Man setzt die y-Werte in die gegebene Funktionsgleichung ein und löst die entstehende Gleichung nach x auf.

Beachten Sie dabei, dass es zwei Lösungen gibt, da $\sqrt{x^2} = |x|$. Ein beliebter Fehler ist es, die Betragsstriche zu ignorieren, was dann nur zu einer Lösung führt.

$$f(x) = y = x^2 - 2$$
$$23 = x^2 - 2 \quad |+2$$
$$25 = x^2 \quad |\sqrt{}$$
$$5 = |x|$$
$$\Rightarrow \quad x_1 = 5; \; x_2 = -5$$

Ergebnis: $P_1(5|23)$; $P_2(-5|23)$

2.2 Auch hier gibt es zur Lösung verschiedene mögliche Vorgehensweisen.

1. Möglichkeit:
Um Schnittpunkte zweier Graphen zu bestimmen, werden die Funktionsgleichungen gleichgesetzt. Ist die entstehende Gleichung nicht lösbar, kann es auch keine gemeinsamen Punkte geben.

$$\begin{aligned} f(x) &= h(x) \\ x^2 - 2 &= -x^2 - 3 && \mid +2 \\ x^2 &= -x^2 - 1 && \mid +x^2 \\ 2x^2 &= -1 \end{aligned}$$

Man erkennt schon: Die linke Seite dieser Gleichung ist positiv, da x^2 immer ≥ 0, die rechte Seite ist aber negativ. Also hat die Gleichung keine Lösungen. Wer das nicht erkennt, rechnet weiter.

$$\begin{aligned} 2x^2 &= -1 && \mid :2 \\ x^2 &= -\frac{1}{2} && \mid \sqrt{} \\ |x| &= \sqrt{-\frac{1}{2}} \end{aligned}$$

Das ist nicht möglich, da sich im Bereich der reellen Zahlen aus negativen Zahlen keine Wurzel ziehen lässt.

Ergebnis: Die beiden Graphen besitzen keine gemeinsamen Punkte.

2. Möglichkeit:
Man untersucht die Lage der Graphen im Koordinatensystem, um zu erkennen, dass sich beide Graphen nicht schneiden. Hilfreich ist es, die Graphen zu skizzieren (Freihandskizze genügt).

Ausgangspunkt ist der Graph der Funktion mit der Gleichung $y = x^2$.

Der Graph von $f(x) = x^2 - 2$ geht aus dem Graphen von $y = x^2$ durch Verschiebung um 2 LE in negative y-Richtung hervor.

Analysieren des Graphen der Funktion h:
$h(x) = -x^2 - 3$

Der Summand –3 weist auf eine Verschiebung des Graphen von $y = x^2$ in y-Richtung hin, das negative Vorzeichen vor x^2 ergibt eine Spiegelung an der x-Achse.

Wichtig ist es aber, die richtige Reihenfolge der beiden Abbildungen zu finden. Diese ergibt sich aus der Reihenfolge der auszuführenden Rechenoperationen, wenn man ein Argument x einsetzt, um den Funktionswert zu berechnen:

$$y = \underset{\substack{\uparrow \\ \text{ist zuerst zu} \\ \text{berücksichtigen}}}{-x^2} - \underset{\substack{\uparrow \\ \text{ist dann die} \\ \text{zweite Abbildung}}}{3}$$

Ausgangsgraph: $y = x^2$
Spiegelung an der x-Achse: $y = -x^2$
Verschiebung in y-Richtung: $y = -x^2 - 3$

Skizziert man die Graphen in ein Koordinatensystem, so erkennt man, dass sich die Graphen von f und h nicht schneiden.

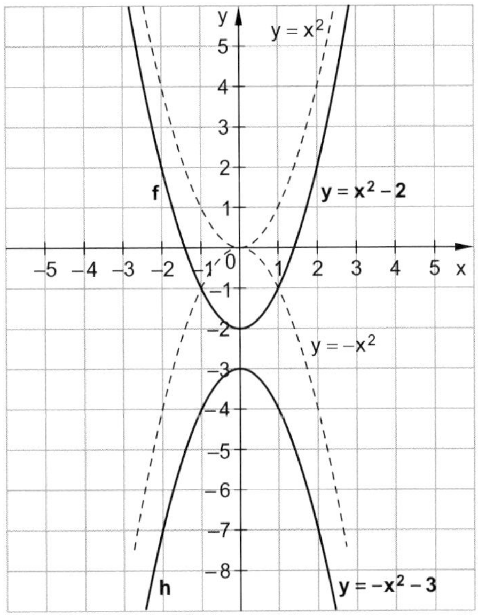

3. Möglichkeit:
Man kann auch folgendermaßen argumentieren:

Graph von f: Scheitelpunkt $(0\,|\,-2)$, da Verschiebung von $y = x^2$ um 2 LE nach unten; nach oben geöffnet

Graph von h: Scheitelpunkt $(0\,|\,-3)$, da Verschiebung um 3 LE nach unten; nach unten geöffnet wegen $-x^2$

Damit ergibt sich, dass es keinen Schnittpunkt geben kann.

3. a) $g(x) = \sqrt[n]{x}$

P(8 | 2) liegt auf dem Graphen von g, d. h., man setzt die Koordinaten von P in die Funktionsgleichung ein:

$2 = \sqrt[n]{8}$

Eigentlich sieht man schon, dass $n = 3$ sein muss. Begründung: $\sqrt[3]{8} = 2$, denn $2^3 = 8$.

Wer das nicht sofort sieht, benutzt den Taschenrechner.

Alternative: Es geht auch, die Gleichung durch Probieren zu lösen, denn $n \in \mathbb{N}$.

Beginnend mit n = 2: $\sqrt{8} \neq 2$

Dann n = 3: $\sqrt[3]{8} = 2$

Wird n größer (d. h. $n > 3$), dann ist $\sqrt[n]{8} < 2$.
Es kann also keine weitere Lösung mehr geben.

Ergebnis: $n = 3$

Funktionsgleichung: $g(x) = \sqrt[3]{x}$

b) Beachten Sie den gegebenen Definitionsbereich [0; 2], d. h. $0 \le x \le 2$.

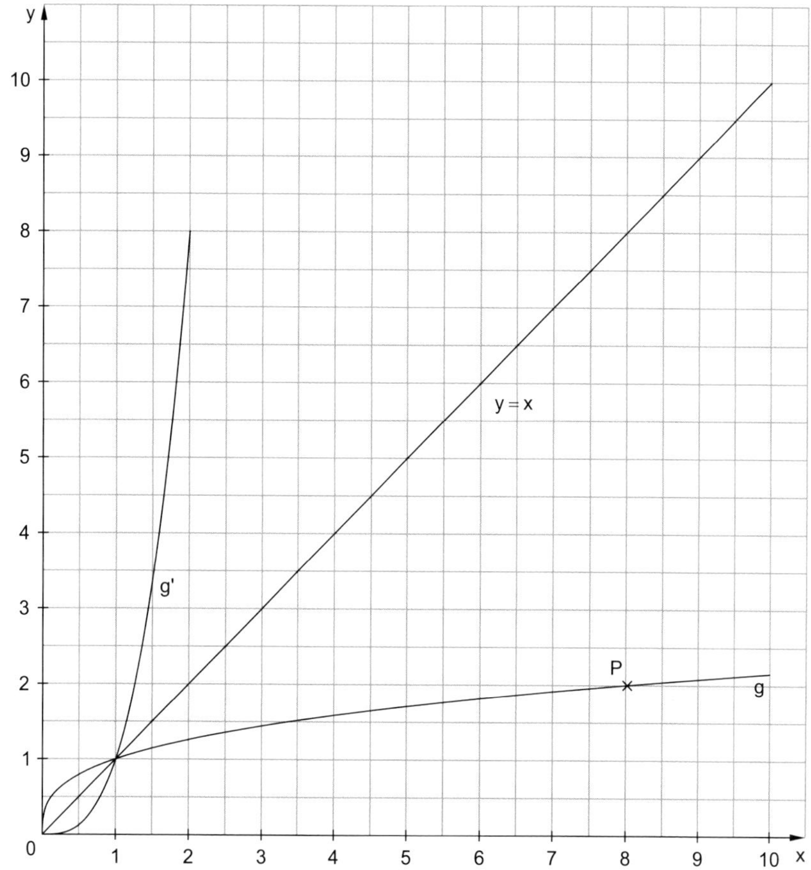

Der <u>Wertebereich</u> von g' ist: $\underline{\underline{0 \le y \le 8}}$

Hinweis: Definitions- und Wertebereich der Funktionen g und g' vertauschen sich.

c) Da $P(8\,|\,2)$ auf dem Graphen der Funktion h mit der Gleichung $h(x) = mx - 2$ liegt, muss die Gleichung beim Einsetzen der Koordinaten von P erfüllt sein.
Die Zahl m ist der gesuchte Anstieg.

$$
\begin{aligned}
h(x) &= mx - 2 && P(8\,|\,2) \text{ einsetzen} \\
2 &= m \cdot 8 - 2 && |+2 \\
4 &= m \cdot 8 && |:8 \\
\underline{\underline{\frac{1}{2}}} &= m
\end{aligned}
$$

$$\Rightarrow \quad y = h(x) = \frac{1}{2}x - 2$$

Die Nullstelle ist das Argument (x-Wert), für das der Funktionswert (y-Wert) null wird. Also ergibt sich aus der Funktionsgleichung:

$$h(x) = y = \frac{1}{2}x - 2$$

$$0 = \frac{1}{2}x - 2 \qquad |+2$$

$$2 = \frac{1}{2}x \qquad |\cdot 2$$

$$4 = x$$

Die Nullstelle ist also $\underline{\underline{x = 4}}$.

4. Die Aufgabe behandelt das Berechnen von Längen und Winkeln in Dreiecken. Dazu sollte man beim Lösen die Skizze genau betrachten und entsprechende Teildreiecke erkennen. In die gegebene Skizze sollte man am besten die gegebenen Stücke (siehe Tabelle) eintragen.

a)

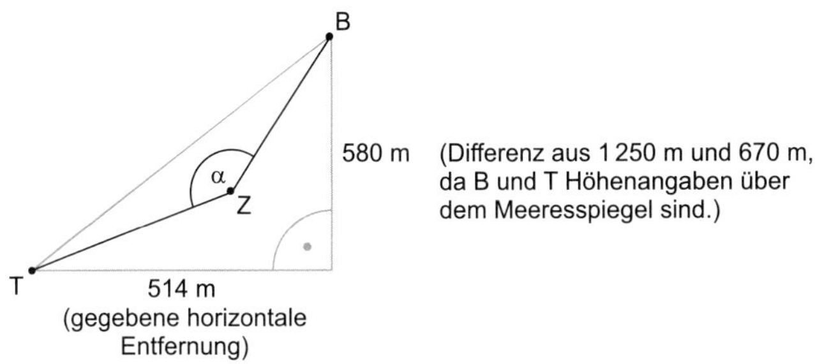

Der Höhenunterschied beträgt $\underline{\underline{580\text{ m}}}$.

b) Die maximale Steigung ergibt sich zwischen den Punkten Z und B. Sie beträgt 150 %. Nach dem gegebenen Hinweis ergibt sich folgende Überlegung:

1 % auf 100 m Horizontale ≙ 1 m Höhenunterschied

150 % auf 100 m Horizontale ≙ 150 m Höhenunterschied

Steigungswinkel φ:

$$\tan\varphi = \frac{150\text{ m}}{100\text{ m}} = 1{,}5$$

$$\underline{\underline{\varphi = 56{,}3°}}$$

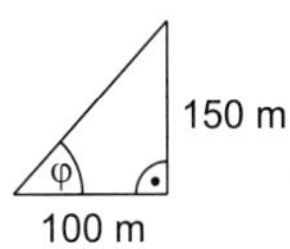

c) Zum Finden eines Ansatzes skizziert man den Zusammenhang und trägt die bekannten Größen ein.

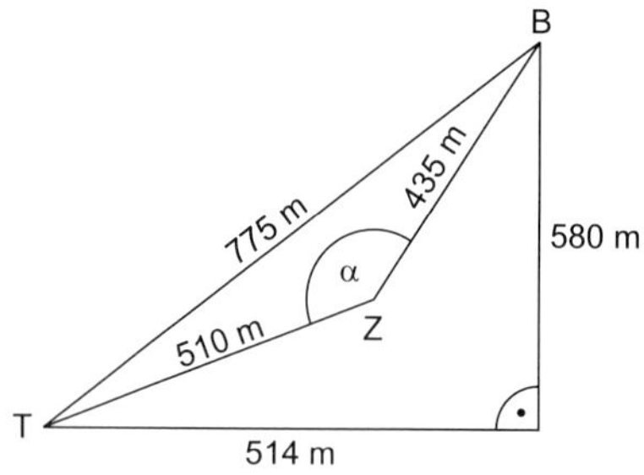

Gesamte Seilbahnlänge:

$$|\overline{TZ}| + |\overline{ZB}| = 945\text{ m}$$
$$|\overline{ZB}| = 945\text{ m} - 510\text{ m}$$
$$|\overline{ZB}| = 435\text{ m}$$

Zu berechnen ist die Größe des Winkels α. Dies geschieht am schnellsten im Dreieck TZB mithilfe des Kosinussatzes, denn in diesem Dreieck sind drei Seiten bekannt und ein Winkel ist gesucht (eine der Grundaufgaben bei Dreiecksberechnungen).

1. Schritt:
Aufstellen des Kosinussatzes – dabei ist die Seite $\overline{TB}$ die dem Winkel α gegenüberliegende Seite:

$$|\overline{TB}|^2 = |\overline{TZ}|^2 + |\overline{ZB}|^2 - 2 \cdot |\overline{TZ}| \cdot |\overline{ZB}| \cdot \cos\alpha \qquad (*)$$

2. Schritt:
Einsetzen der gegebenen Längen der Dreiecksseiten und anschließend Auflösen der Gleichung nach cos α:

$$775^2\text{ m}^2 = 510^2\text{ m}^2 + 435^2\text{ m}^2 - 2 \cdot 510\text{ m} \cdot 435\text{ m} \cdot \cos\alpha$$
$$600\,625\text{ m}^2 = 449\,325\text{ m}^2 - 443\,700\text{ m}^2 \cdot \cos\alpha \qquad \left| -449\,325\text{ m}^2\right.$$
$$151\,300\text{ m}^2 = -443\,700\text{ m}^2 \cdot \cos\alpha \qquad \left| :(-443\,700)\right.$$
$$-0{,}341 \approx \cos\alpha$$

Dieser Wert für cos α ist negativ, d. h., α ist ein stumpfer Winkel (was ja auch die Zeichnung erkennen lässt).

$\underline{\underline{\alpha \approx 109{,}9°}}$

Alternativ: Man kann die Gleichung (∗) auch erst nach cos α umformen und dann die Zahlen einsetzen. Eventuell gibt es sogar in der Formelsammlung eine umgestellte Gleichung:

$$|\overline{TB}|^2 = |\overline{TZ}|^2 + |\overline{ZB}|^2 - 2 \cdot |\overline{TZ}| \cdot |\overline{ZB}| \cdot \cos\alpha \qquad \left| -|\overline{TZ}|^2 - |\overline{ZB}|^2\right.$$
$$|\overline{TB}|^2 - |\overline{TZ}|^2 - |\overline{ZB}|^2 = -2 \cdot |\overline{TZ}| \cdot |\overline{ZB}| \cdot \cos\alpha \qquad \left| :(-2 \cdot |\overline{TZ}| \cdot |\overline{ZB}|)\right.$$
$$\frac{|\overline{TB}|^2 - |\overline{TZ}|^2 - |\overline{ZB}|^2}{-2 \cdot |\overline{TZ}| \cdot |\overline{ZB}|} = \cos\alpha$$

d) Zu erkennen ist hier, dass man die Masse der Holzstämme ermitteln muss. Dies geschieht über die Volumenberechnung und die Angabe, dass 1 m^3 Holz eine Masse von 1,3 t hat.

Ein Holzstamm selbst ist ein Zylinder, dessen Länge $\ell = 2$ m und Durchmesser $d = 20$ cm beträgt.

Für das Volumen gilt dann:

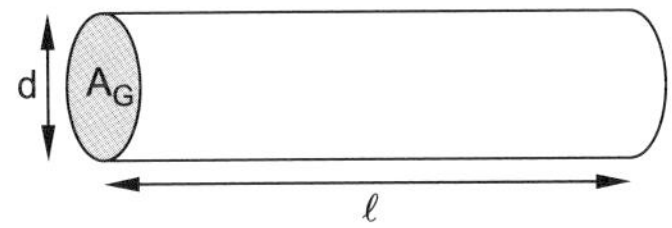

$V = A_G \cdot \ell$

$V = \frac{\pi}{4} d^2 \cdot \ell$

Man muss nun noch beachten, dass ℓ und d in verschiedenen Einheiten gegeben sind.

Da bekannt ist, dass 1 m^3 Holz 1,3 t wiegt, rechnet man den Durchmesser d in die Einheit m um, also 20 cm = 0,2 m.

Einsetzen und berechnen:

$V = \frac{\pi}{4} \cdot 0{,}2^2 \text{ m}^2 \cdot 2 \text{ m}$

$V \approx 0{,}063 \text{ m}^3$

Hinweis: Damit der Vergleich mit der Nutzlast nicht zu falschen Schlüssen führt, sollte beim Rechnen nicht abgerundet werden. Hier ist es daher besser, beim Volumen von 0,062831… m^3 mit 0,063 m^3 weiterzurechnen als mit 0,0628 m^3.

Mithilfe des (verkürzten) Dreisatzes ergibt sich dann:

$$\cdot 0{,}063 \left(\begin{array}{rcl} 1 \text{ m}^3 & \hat{=} & 1{,}3 \text{ t} \\ 0{,}063 \text{ m}^3 & \hat{=} & 0{,}082 \text{ t} \end{array} \right) \cdot 0{,}063$$

1 Baumstamm hat also eine Masse von 0,082 t = 82 kg.

$$\text{Nutzlast } 250 \text{ kg} \Rightarrow \frac{250 \cancel{\text{kg}}}{82 \cancel{\text{kg}}} \approx 3{,}05$$

Es können also <u>maximal 3 Stämme</u> geladen werden.

Oder:
Da zu zeigen ist, dass maximal 3 Stämme geladen werden können, berechnet man die Gesamtmasse von 3 und von 4 Stämmen und vergleicht jeweils mit der Nutzlast:

1 Stamm $\hat{=}$ 82 kg

3 Stämme $\hat{=}$ 246 kg < 250 kg

4 Stämme $\hat{=}$ 328 kg > 250 kg

Alternative: Die Argumentation kann auch etwas abgewandelt werden.
Das Volumen eines Baumstammes wurde zu 0,063 m^3 berechnet.
$\Rightarrow$ 3 Stämme haben ein Volumen von 0,189 m^3, 4 Stämme eines von 0,252 m^3.

Auch hier hilft der (verkürzte) Dreisatz:

$1 \text{ m}^3 \hat{=} 1{,}3 \text{ t} = 1\,300 \text{ kg}$

$0{,}189 \text{ m}^3 \hat{=} 1\,300 \text{ kg} \cdot 0{,}189 = 245{,}7 \text{ kg}$

$0{,}252 \text{ m}^3 \hat{=} 1\,300 \text{ kg} \cdot 0{,}252 = 327{,}6 \text{ kg}$

Vergleich mit der Nutzlast: 245,7 kg < 250 kg, aber 327,6 kg > 250 kg

5. Dies ist eine Aufgabe zum Thema Körperdarstellung und -berechnung.

a) Bei einem Prisma sind Grund- und Deckfläche kongruente Vielecke. Die Mantelfläche besteht dann bei einem geraden Prisma aus Rechtecken, deren Anzahl so groß wie die Eckenzahl der Grundfläche ist. In unserem Fall sind also die 5-Ecke die Grund- und Deckfläche (obwohl im Bild das Prisma nicht auf der Grundfläche steht). Zur Lösung muss also eines der beiden 5-Ecke des dargestellten Körpernetzes gekennzeichnet werden.

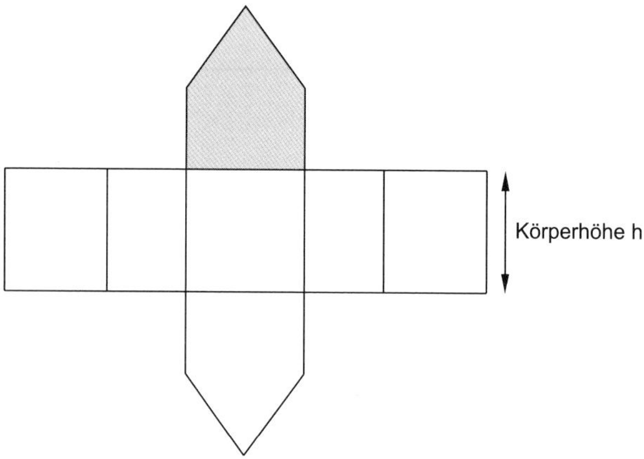

b) Das Volumen eines Prismas ergibt sich als Produkt aus Grundfläche und Körperhöhe. Die Grundfläche ist also die Fläche des 5-Ecks, die Körperhöhe ist der Abstand von Grund- und Deckfläche. Die Körperhöhe lässt sich aus dem Körpernetz und dem gegebenen Maßstab ermitteln.

Der Zeichnung des Netzes entnimmt man für die Körperhöhe zunächst $h' = 3$ cm.

Der Maßstab 1 : 3 bedeutet:
1 cm in der Zeichnung $\triangleq$ 3 cm im Original

D. h., die Zeichnung ist verkleinert dargestellt, es muss also h' verdreifacht werden:
$h = 9$ cm

Berechnung der Fläche des 5-Ecks:

Die Maße kann man der Zeichnung entnehmen. Diese müssen wegen des Maßstabs verdreifacht werden.

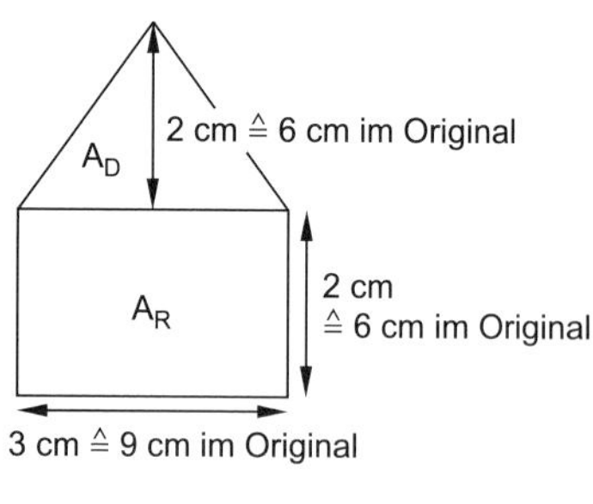

Flächenzerlegung:
A_R ist eine Rechtecksfläche.

$\Rightarrow \quad A_R = 9\text{ cm} \cdot 6\text{ cm} = 54\text{ cm}^2$

A_D ist eine Dreiecksfläche.

$\Rightarrow \quad A_D = \frac{1}{2} \cdot \text{Grundseite} \cdot \text{Dreieckshöhe}$

$= \frac{1}{\not{2}} \cdot 9\text{ cm} \cdot \overset{3}{\not{6}}\text{ cm} = 27\text{ cm}^2$

$\Rightarrow \quad A_G = A_R + A_D = 54\ cm^2 + 27\ cm^2 = 81\ cm^2$

$\Rightarrow \quad$ Volumen: $V = A_G \cdot h = 81\ cm^2 \cdot 9\ cm = \underline{\underline{729\ cm^3}}$

c) *Hinweis:* Tiefenlinien im 45°-Winkel zu den in der Bildebene liegenden Kanten sind halbiert darzustellen, unsichtbare Körperkanten sind gestrichelt zu zeichnen.
Die Dreiecksspitzen an der Dachoberkante liegen 6 cm senkrecht über der Mitte der gegenüberliegenden Dreiecksseiten.

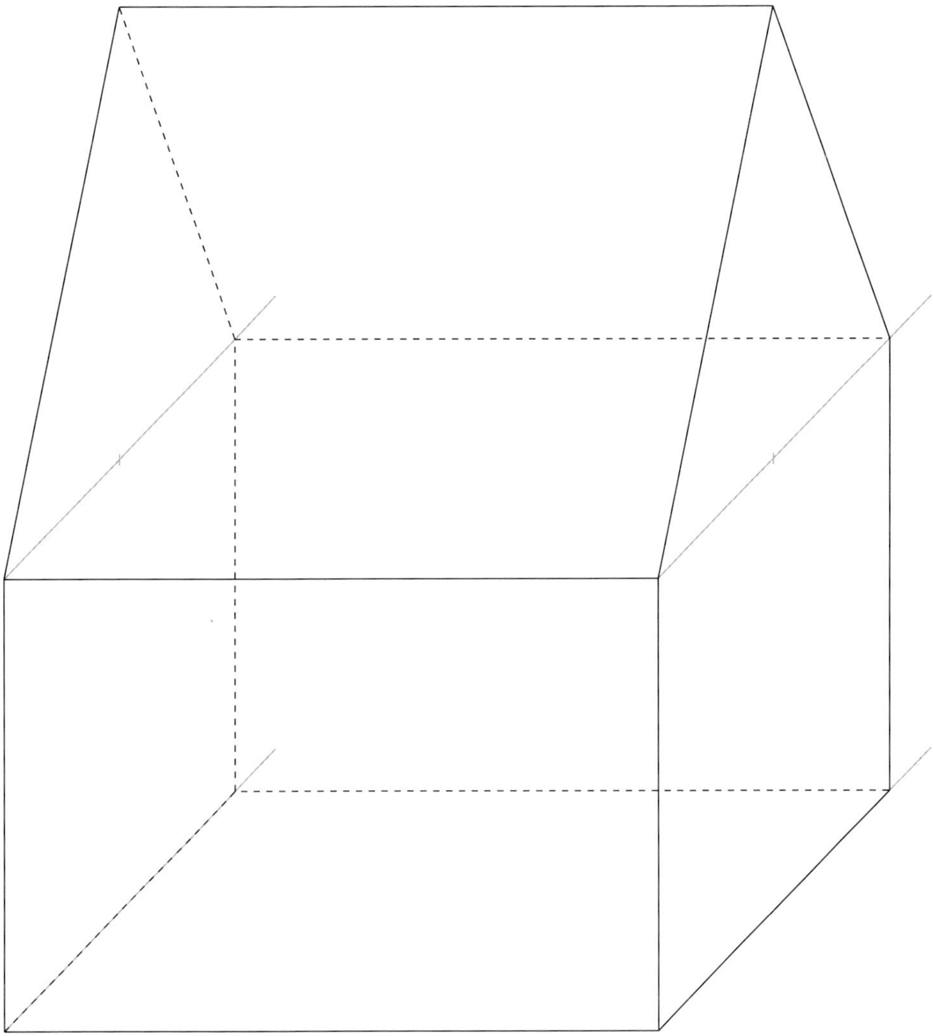

d) Der Boden hat die Form eines Quadrates mit der Seitenlänge 9 cm, d. h., auf diese Länge passen maximal 4 Kreise, die sich berühren. Demnach hat ein solcher Kreis einen Durchmesser von:

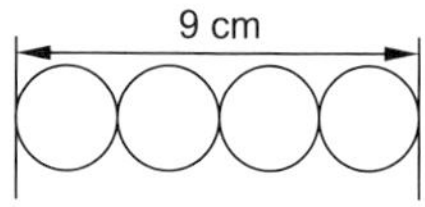

$\frac{9}{4}$ cm = 2,25 cm

D. h. also, eine Schokokugel hat einen Durchmesser von 2,25 cm.

Für das Kugelvolumen gilt: $V = \frac{\pi}{6} d^3$

$\Rightarrow \quad V = \frac{\pi}{6} \cdot 2{,}25^3 \text{ cm}^3$

$\underline{\underline{V \approx 5{,}96 \text{ cm}^3}}$

6. Dies ist eine Aufgabe aus dem Themenbereich Kombinatorik, Statistik, Wahrscheinlichkeit.

a) Ein kombinatorisches Problem

1. Möglichkeit: Eine Überlegung führt zum Ziel.
Insgesamt gibt es 21 Personen, jede dieser Personen kann also noch 20 anderen Personen die Hand geben. Das sind $21 \cdot 20$ Möglichkeiten.

Nun muss man aber noch berücksichtigen, dass der Handschlag der Personen A und B auch umgekehrt (B und A) ausgeführt werden kann, was dasselbe ist. Also müssen die $21 \cdot 20$ Möglichkeiten halbiert werden:

$\frac{21 \cdot 20}{2} = 21 \cdot 10 = \underline{\underline{210 \text{ Handschläge}}}$

2. Möglichkeit: Kombinatorische Kenntnisse anwenden
In einer Urne befinden sich $n = 21$ Kugeln. Daraus werden $k = 2$ Kugeln ohne Berücksichtigung der Reihenfolge gezogen. Dies ist eine Kombination aus 21 Elementen zur 2. Klasse, also gilt für die Anzahl:

$\binom{n}{k} = \binom{21}{2} = \frac{21!}{2! \cdot 19!} = \frac{21 \cdot 20 \cdot \cancel{19!}}{2 \cdot \cancel{19!}} = \underline{\underline{210 \text{ Handschläge}}}$

b) Da es nur darum geht, ob das T-Shirt rot oder nicht rot ist, kann wieder das Urnenmodell (Ziehen ohne Zurücklegen) angewendet werden.

1. Möglichkeit: Anwenden der klassischen Wahrscheinlichkeit (Laplace)
Für die Wahrscheinlichkeit des Auftretens eines Ereignisses E gilt:

$P(E) = \frac{|E|}{|\Omega|}$

Es gibt 6 rote und insgesamt 18 nicht rote Shirts. Gezogen werden 5 Shirts.
Um 5-mal ein rotes zu ziehen, gibt es für das erste 6 Möglichkeiten, für das zweite dann 5 Möglichkeiten usw.

$\Rightarrow \quad |E| = 6 \cdot 5 \cdot 4 \cdot 3 \cdot 2$

Jetzt muss nur noch die Anzahl aller Möglichkeiten für 5 gezogene Shirts ermittelt werden. Analog wie oben gilt:
$|\Omega| = 24 \cdot 23 \cdot 22 \cdot 21 \cdot 20$

$$\Rightarrow \quad P(E) = \frac{\cancel{6} \cdot \cancel{5} \cdot \cancel{4} \cdot \cancel{3} \cdot \cancel{2}}{\cancel{24}_2 \cdot 23 \cdot 22 \cdot \cancel{21}_7 \cdot \cancel{20}} = \frac{1}{23 \cdot 22 \cdot 14} = \underline{\underline{\frac{1}{7\,084}}}$$

Oder als Dezimalzahl: $P(E) \approx \underline{\underline{0{,}00014}}$

Oder in Prozent: $P(E) \approx \underline{\underline{0{,}014\ \%}}$

2. Möglichkeit:
Man kann die Lösung auch mithilfe eines Baumdiagramms erhalten (ein wichtiges Hilfsmittel):
Man bezeichnet: Ereignis R – ein rotes Shirt

Ereignis $\overline{R}$ – Gegenereignis:
kein rotes Shirt, also eines in einer anderen Farbe

Das Baumdiagramm wird nur im Ansatz dargestellt, weil man schnell sieht, wie man zum Ergebnis kommt.

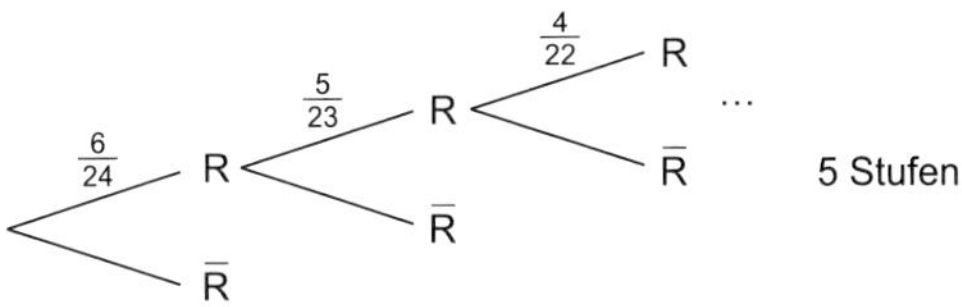

Mit den Pfadregeln gilt für das Ereignis E: „5-mal R ziehen":

$$P(E) = \frac{6}{24} \cdot \frac{5}{23} \cdot \frac{4}{22} \cdot \frac{3}{21} \cdot \frac{2}{20}$$

$$P(E) = \underline{\underline{\frac{1}{7\,084}}}$$

c) Die Spannweite ist ein grobes Maß für die Streuung der Messwerte. Sie ist die Differenz aus maximalem und minimalem Messwert.

Kleinste Trefferzahl: 1

Größte Trefferzahl: 5

$\underline{\underline{\text{Spannweite:}}}$ $5 - 1 = \underline{\underline{4}}$

Der Modalwert ist der in einer Messreihe mit größter Häufigkeit auftretende Messwert. Man kann die Messwerte ordnen, um sich einen Überblick zu verschaffen.

Trefferzahl	Häufigkeit	
1	I	1
2	I	1
3	IIII	4
4	II	2
5	II	2

Der $\underline{\underline{\text{Modalwert}}}$ ist: $\underline{\underline{3}}$

Interpretation: Am häufigsten wurden 3 Treffer erzielt.

Kreisdiagramm:

Für die Kreissektoren müssen noch die Zentriwinkel berechnet werden. Die Ergebnisse sind hier in einer Tabelle zusammengefasst, woraus sich das Kreisdiagramm ergibt. Die Berechnung der Winkel kann mit dem Dreisatz erfolgen:

$$\begin{array}{lrcll} :10 & 360^\circ & \hat{=} & 10 & \text{(Häufigkeit)} \quad :10 \\ & 36^\circ & \hat{=} & 1 & \text{(Häufigkeit)} \\ \cdot z & \text{Winkel } \varphi & \hat{=} & z & \text{(Häufigkeit)} \quad \cdot z \end{array}$$

Trefferzahl	Häufigkeit	Winkel
1	1	36°
2	1	36°
3	4	$4 \cdot 36^\circ = 144^\circ$
4	2	$2 \cdot 36^\circ = 72^\circ$
5	2	$2 \cdot 36^\circ = 72^\circ$

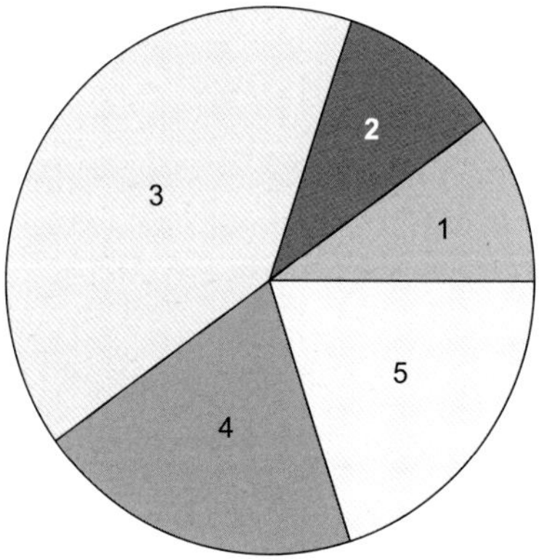